高等职业本科教育新形态教材

CAD高级应用

朱锋盼　张弦波　主　编
楼　聪　张正林　副主编
张琳娜　陈重东
李　思　张亚龙　参　编
李　垚　黎江龙
　　　　周旭东

U0359628

清華大學出版社
北　京

内 容 简 介

本书针对建筑领域中望 CAD 软件教材较少的问题,将教学内容与工程实际需求相结合,讲解中望 CAD 绘图环境、绘图命令、编辑命令、辅助绘图、文字、尺寸标注、打印等知识。教学效果评价采取过程评价的方式,通过理论与实践相结合,重点评价学生的职业能力。

本书可作为大中专院校建筑类专业教材以及装饰公司培训教材使用,也可作为 CAD 技能竞赛方面的参考资料。

为方便使用,本书配有二维码微课视频,可随时使用手机扫码观看各章节讲解内容。

图书在版编目(CIP)数据

CAD 高级应用/朱锋盼,张弦波主编.—北京:清华大学出版社,2024.2
高等职业本科教育新形态教材
ISBN 978-7-302-65539-8

Ⅰ.①C… Ⅱ.①朱… ②张… Ⅲ.①建筑设计－计算机辅助设计－AutoCAD 软件－高等职业教育－教材 Ⅳ.①TU201.4

中国国家版本馆 CIP 数据核字(2024)第 038381 号

责任编辑:王向珍 王 华
封面设计:陈国熙
责任校对:欧 洋
责任印制:丛怀宇

出版发行:清华大学出版社
 网　　　址:https://www.tup.com.cn,https://www.wqxuetang.com
 地　　　址:北京清华大学学研大厦 A 座　　　邮　　编:100084
 社 总 机:010-83470000　　　邮　　购:010-62786544
 投稿与读者服务:010-62776969,c-service@tup.tsinghua.edu.cn
 质量反馈:010-62772015,zhiliang@tup.tsinghua.edu.cn
印 装 者:北京同文印刷有限责任公司
经　　销:全国新华书店
开　　本:185mm×260mm　　印　　张:11.5　　　字　　数:280 千字
版　　次:2024 年 2 月第 1 版　　　印　　次:2024 年 2 月第 1 次印刷
定　　价:39.80 元

产品编号:098232-01

前言

建筑制图相关课程是高职院校建筑类各专业学生的专业核心课程。在现代工程建设中,工程图样是表达设计意图、交流技术思想和指导工程施工的重要工具。随着建筑工地逐步实施计算机系统管理,制图软件应用能力显得非常重要。作为建筑工程方面的技术人员、管理人员,必须具备绘图和阅读工程图样的能力,才能更好地从事工程技术工作。

本书的总体设计思路是以图纸绘制为主线,把简单图形绘制、复杂图形绘制、建筑施工图的抄绘等融为一体,更适合高职高专院校培养目标的需要。旨在通过建筑施工图抄绘来强化学生绘图能力的培养。

本书由金华职业技术学院朱锋盼、张弦波担任主编,金华职业技术学院楼聪、张正林担任副主编。第 1 章~第 4 章由朱锋盼、张亚龙、周旭东编写,第 5 章由楼聪编写,第 6 章由张弦波、李垚编写,第 7 章由张正林编写,第 8 章由陈重东、黎江龙编写,第 9 章由张琳娜编写,第 10 章由李思编写。

本书在编写过程中得到了广州中望龙腾软件股份有限公司、浙江中正岩土技术有限公司的大力支持和协助,在此表示感谢。

由于编者水平有限,编写时间仓促,书中难免有错误和疏漏之处,在此恳请有关专家和广大读者提出宝贵意见,以便我们改进和完善,深表谢意。

编 者

目 录

1 中望CAD应用基础

本章介绍中望 CAD 最基本的知识,包括其硬件配置要求、界面、命令执行方式等内容。

简介

1.1 中望 CAD 的主要功能

中望 CAD 是完全拥有自主知识产权、基于微软视窗操作系统的通用 CAD 绘图软件,主要用于二维制图,兼有部分三维功能,被广泛应用于建筑、装饰、电子、机械、模具、汽车、造船等领域。中望 CAD 已成为企业 CAD 正版化的最佳解决方案之一,其主要功能包括以下 5 个方面。

1. 绘图功能

用户可以通过输入命令及参数、单击工具按钮或执行菜单命令等方法来绘制各种图形,中望 CAD 会根据命令的具体情况给出相应的提示和选项。

2. 编辑功能

中望 CAD 提供各种方式让用户对单一或一组图形进行修改,可进行移动、复制、旋转、镜像等操作。用户还可以改变图形的颜色、线宽等特性。熟练掌握编辑命令的运用,可以提高绘图的速度。

3. 打印输出功能

中望 CAD 具有打印及输出各种格式的图形文件的功能,可以调整打印或输出图形的比例、颜色等特性。中望 CAD 支持大多数的绘图仪和打印机,并具有极好的打印效果。

4. 三维功能

中望 CAD 专业版提供三维绘图功能,可用多种方法按尺寸精确绘制三维实体,生成三维真实感图形,支持动态观察三维对象。

5. 高级扩展功能

中望 CAD 作为一个绘图平台,提供多种二次开发接口,如 LISP、VBA、. NET、ZRX (VC)等,用户可以根据自己的需要定制特有的功能。同时,用户已有的二次开发程序也可以轻松移植到中望 CAD 中。

1.2　工作界面

中望 CAD 的主界面采用美观、灵活的二维草图与注释界面,如图 1-1 所示。相比于经典版本,二维草图与注释界面对用户有着更高的友好度,便于用户使用。同时中望 CAD 也支持二维草图与注释界面与经典界面之间的互换,以使其更符合设计师的使用习惯。

图 1-1　中望 CAD 的主要工作界面及功能分布

中望 CAD 的二维草图与注释界面主要有标题栏、二维草图与注释界面功能区、绘图区、命令提示区、状态栏以及可自行设定绘图、修改的工具栏。

绘图注意
事项

1. 标题栏

(1)菜单浏览器。

单击左上角中望 CAD 的图标即可进入菜单浏览器界面,如图 1-2 所示。

(2)快速访问工具栏。

此处有中望 CAD 中部分常用工具的快捷访问图标,包括"新建""打开""保存""另存为""全部保存""打印""打印预览""撤销""重做"等,如图 1-3 所示。

图 1-2　菜单浏览器

（3）窗口控制按钮。

用户可以利用右上角的控制按钮将窗口最小化、最大化或关闭,如图 1-4 所示。

图 1-3　快速访问工具栏　　　　　　　　　　图 1-4　窗口控制按钮

2. 二维草图与注释界面功能区

该功能区以功能区选项卡的形式来表现所有的功能分类。

（1）功能区选项卡。

功能区是显示基于任务的命令和控件的选项卡。在创建或打开文件时,会自动显示功能区,提供一个包括创建文件所需的所有工具的小型选项板。中望 CAD 的二维草图与注释界面共包括"常用""实体""注释""插入""视图""工具""管理""输出""扩展工具""在线""ArcGIS""APP＋"等 12 个选项卡,如图 1-5 所示。

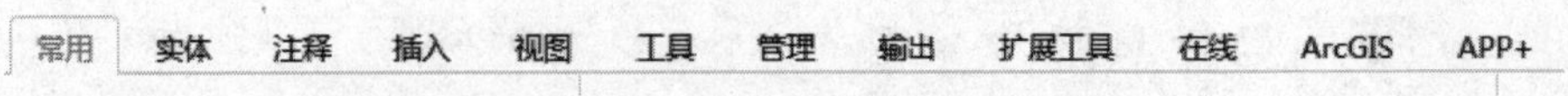

常用
实体
注释
插入
视图
工具
管理
输出
扩展工具
在线
ArcGIS
APP+

图 1-5 功能区选项卡

（2）功能区选项面板。

每个功能区选项卡下有一个展开的面板，即功能区选项面板。这些面板依照其功能标记在相应选项卡中，包含的很多工具和控件与工具栏和对话框中的相同。图 1-6 为“常用”选项面板，包括“多段线”“圆”“圆弧”等功能图标。

常用
实体
注释
插入
视图
工具
管理
输出
扩展工具
在线
ArcGIS
APP+
多段线
圆
圆弧
移动
复制
拉伸
圆角
矩形阵列
删除
多行文字
绘图
修改
注释

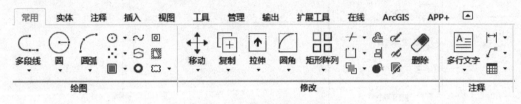

图 1-6 功能区选项面板

（3）功能区选项面板下拉菜单。

在功能区选项面板中，很多命令还有可展开的下拉菜单，内有更详细的功能命令。如图 1-7 所示，单击“圆”的下拉箭头标记，显示“圆”的下拉菜单。

圆
圆弧
圆心, 半径
圆心, 直径
两点
三点
相切, 相切, 半径
相切, 相切, 相切

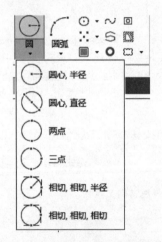

图 1-7 功能区选项面板下拉菜单

3. 绘图区

绘图区是位于屏幕中央的空白区域，所有的绘图操作都在该区域中完成。在绘图区的左下角显示了当前的坐标系图标，水平向右为 X 轴正方向，竖直向上为 Y 轴正方向。绘图区没有边界，无论多大尺寸的图形都可置于其中。鼠标移动到绘图区，会变为十字光标。当选择对象时，鼠标会变成方形拾取框。

4. 命令提示区

命令提示区位于工作界面的下方,此处显示了用户之前输入的命令记录以及中望CAD对用户的命令所进行的提示,如图1-8所示。

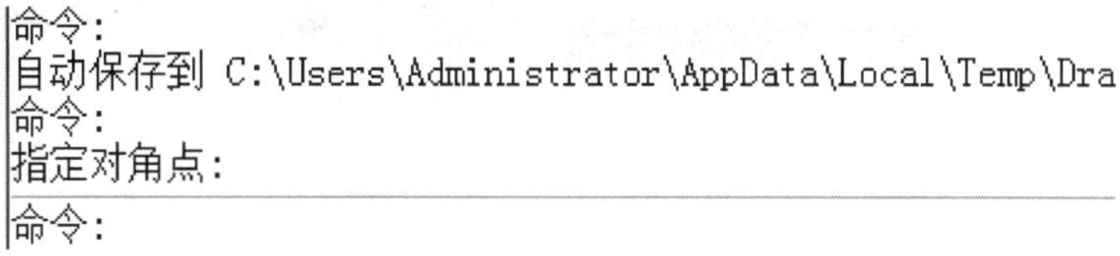

```
命令:
自动保存到 C:\Users\Administrator\AppData\Local\Temp\Dra
命令:
指定对角点:
命令:
```

图 1-8　命令提示区

当命令提示区中显示"命令:"时,表明软件等待用户输入命令。当软件处于命令执行过程中,命令提示区中显示各种操作提示。用户在绘图的整个过程中,要留意命令提示区中的提示内容。

5. 状态栏

状态栏位于界面的最下方,显示了当前十字光标在绘图区所处的绝对坐标位置。同时还显示了常用的控制按钮,如"捕捉""栅格""正交"等,如图1-9所示。单击按钮可控制这些功能的开关。

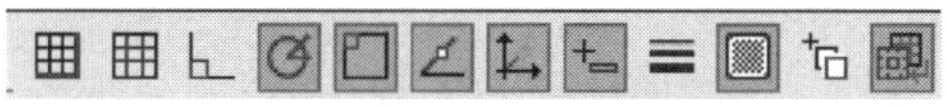

图 1-9　状态栏

以上是中望CAD二维草图与注释界面的简单介绍。如果用户希望使用经典风格的中望CAD,可单击状态栏右下角的"设置工作空间"或者单击标题栏的"二维草图与注释",界面显示为二维草图与注释界面。单击"ZWCAD经典",则界面为经典风格。

6. 工具栏

中望CAD提供了20多个工具栏,用户可根据实际情况自由选择。在经典界面中,默认打开"绘图""修改""图层"等工具栏。如果要显示隐藏的工具栏,可在工具栏空白处右击,此时将弹出快捷菜单,如图1-10所示。在菜单上单击可控制这些功能的开或关,"开"用"√"表示。

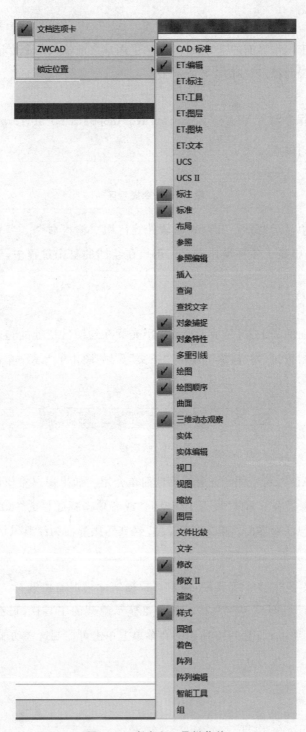

图 1-10　自定义工具栏菜单

2 中望CAD设置

本章主要介绍启动对话框的使用，定制绘图环境、设置图形范围和绘图单位，以及使用样板图向导。中望CAD提供多种观察图形的工具，如利用鸟瞰视图进行平移和缩放、视图处理和视口创建等。利用这些命令，用户可以轻松自如地通过控制图形的显示来满足各种绘图需求，以提高工作效率。

2.1 启动对话框的使用

启动中望CAD或建立新图形文件时，系统出现中望CAD屏幕界面，并弹出一个启动对话框，如图2-1所示。利用该对话框，用户可以方便地选择英制/公制图纸集。

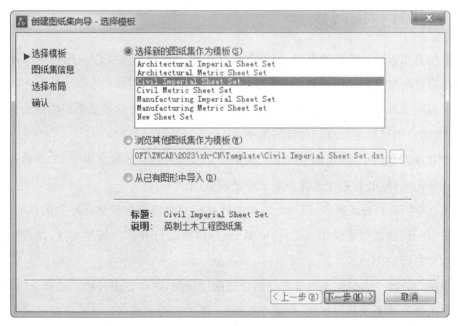

图 2-1　启动对话框

单击启动对话框中的"选择新的图纸集作为模板"选项,如图 2-2 所示,该对话框中的默认设置框中有 7 个单选框,包括英制(英尺和英寸)和公制(米)。用户选择其中一项后,即可开始绘制新图形。国内设计技术人员习惯采用公制。

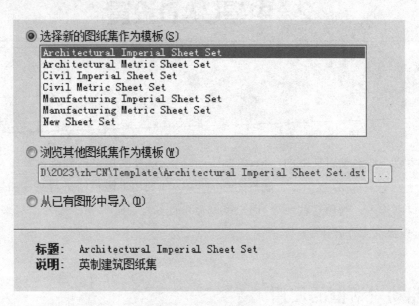

图 2-2　默认的绘图环境

2.2　使用样板图向导

样板图是指包含一定绘图环境,但没有绘制任何图形的实体文件。用户使用样板图不仅可以使用它所定义的绘图环境,而且可以使用它所包含的图样数据,以便在此基础上建立新的样板图文件。样板图文件的后缀名为 dwt,中望 CAD 提供了多个样板图文件供用户选择,同时用户也可以定义自己的样板图文件。

单击菜单浏览器中的"新建"选项,出现如图 2-3 所示的对话框。中望 CAD 将让用户打开一幅样板图文件,并且基于该样板图文件绘制新图。

在图 2-3 所示的对话框中,用户可以在选择样板列表框中选择 dwt 格式的样板图文件,然后单击"打开"按钮结束操作。此后,中望 CAD 将自动打开该样板图文件,并且让用户基于它开始绘制新的图样。

如果用户在图 2-3 列表框中没有找到合适的样板图,可以在工具栏中选择→"查找",屏幕上将弹出选择样板文件对话框,如图 2-4 所示,通过该对话框可以查找磁盘目录中 dwt 格式的图形文件并打开它。

图 2-3 基于样板图文件开始绘制新的图样

图 2-4 查找 dwt 格式的图形文件

　　如果采用此方法,作图时间将按照原来图形的作图时间,在考试等场合对时间有限制时不能使用。另外,采用此方法也容易覆盖原图,而采用样板图,即 dwt 文件,就不会有这个问题。如果要用一个图形文件做样板图,最好先将其属性改为只读,以保证其不被覆盖。

3 定制中望CAD绘图环境

◆◆◆◆

新建了图纸后,用户还可以通过下面的设置来修改之前的不合理之处和其他辅助设置选项。

功能简介
和绘图环
境设置

3.1 图形范围

1. 运行方式

命令行：Limits。

"界限"命令用于设置绘图区域大小,相当于手工制图时图纸的选择。

2. 操作步骤

用"界限"命令将绘图界限范围设定为 A4 图纸(宽×高为 297mm×210mm),操作步骤如下。

```
命令:Limits                                        执行"界限"命令
指定左下点或界限 [开(ON)/关(OFF)] < 0,0 >:          设置绘图区域左下角坐标
指定右上点 < 420,297 >: 297,210                     设置绘图区域右上角坐标
命令：Limits                                        重复执行"界限"命令
指定左下点或界限[开(ON)/关(OFF)] < 0,0 >: ON         打开绘图界限检查功能
```

该命令的各选项说明如下。

关(OFF)：关闭绘图界限检查功能。

开(ON)：打开绘图界限检查功能。

确定左下角点后,系统继续提示："右上点 < 420,297 >:",指定绘图范围的右上角点。系统默认为 A3 图纸,用户可以通过修改尺寸来调整图幅大小(图 3-1)。

表 3-1　国家标准图纸幅面　　　　　　　　　单位：mm×mm

幅面代号	A0	A1	A2	A3	A4
宽×高	1189×841	841×594	594×420	420×297	297×210

3. 注意

（1）在中望CAD中，用户可用真实的尺寸绘图，在打印出图时设置比例尺。另外，用"界限"命令限定绘图范围，不如用图线画出图框更加直观。

（2）当绘图界限检查功能设置为ON时，如果输入或拾取的点超出绘图界限，则操作将无法进行。

（3）绘图界限检查功能设置为OFF时，绘制图形不受绘图范围的限制。

（4）绘图界限检查功能只限制输入点坐标不能超出绘图界限，而不能限制整个图形。例如圆，当它的定形定位点（圆心和确定半径的点）处于绘图界限内，它的一部分圆弧可能会位于绘图界限之外。

3.2　绘图单位

1. 运行方式

命令行：Units/Ddunits。

此命令可以设置长度单位和角度单位的制式、精度。

通常，用中望CAD绘图采用实际尺寸（1∶1），打印出图时再设置比例因子。在开始绘图前，需要弄清绘图单位和实际单位之间的关系。例如，既可规定一个线性单位代表一寸、一尺、一米或一千米；也可以规定程序的角度测量方式；对于线性单位和角度单位，还可以设定显示数值精度，如显示小数的位数。精度设置仅影响距离、角度和坐标的显示，中望CAD总是用浮点精度存储距离、角度和坐标。

2. 操作步骤

执行此命令后，系统将弹出如图3-1所示的"图形单位"对话框。

图3-1　"图形单位"对话框

❖ 该对话框中各选项的说明如下。

长度类型：设置测量单位当前的单位类型，包括"小数""工程""建筑""科学""分数"5 种类型，长度单位类型的表示形式和含义如表 3-2 所示。

表 3-2　长度单位类型的表示形式和含义

单位类型	精　　度	举　　例	单位含义
小数	0.000	5.948	我国工程界普遍采用的十进制表达方式
工程	0'-0.0″	8'-2.6″	英尺与十进制英寸表达方式，其绘图单位为英寸
建筑	0'-0 1/4″	1'-3 1/2″	欧美建筑业常用格式，其绘图单位为英寸
科学	0.00E+01	1.08E+05	科学计数法表达方式
分数	0 1/8	16 5/8	分数表达方式

长度精度：设置线型测量值显示的小数位数或分数大小。

角度类型：设置测量单位当前的角度类型，包括"百分度""度/分/秒""弧度""勘测单位""十进制度数"5 种，默认选项为"十进制度数"，角度类型的表示形式和含义如表 3-3 所示。

表 3-3　角度单位的表示形式

单位类型	精　　度	举　　例	单位含义
百分度	0.0g	35.8g	十进制数表示梯度，以小写 g 为后缀
度/分/秒	0d00′00″	28d18′12″	用 d 表示度，"′"表示分，"″"表示秒
弧度	0.0r	0.9r	十进制数，以小写 r 为后缀
勘测单位	N0d00′00″E	N44d30′0″E S 3 5 d30′0″W	该例子表示北偏东北 44.5°，勘测角度表示从南(S)北(N)到东(E)西(W)的角度，其值总是小于 90°，大于 0°
十进制度数	0.00	48.48	十进制数，我国工程界多用

角度精度：设置当前角度显示的精度。

顺时针：规定当输入角度值时角度生成的方向，默认逆时针方向角度为正；在图 3-1 中，若勾选顺时针，则确定顺时针方向角度为正。

插入比例（用于缩放插入内容的单位）：控制插入当前图形中的块和图形的测量单位。

方向：在图 3-1 中单击"方向(D)"按钮，出现"方向控制"对话框，如图 3-2 所示，规定基础角度的位置，例如，默认时，0°角在"东"的位置。

图 3-2　角度的方向控制

3. 注意

基准角度的设置对勘测角度没有影响。

3.3　调整自动保存时间

在中望 CAD 的操作中,由于断电或计算机突然死机等原因造成文件未能保存,用户需要重新绘制图形。用户可以设置中望 CAD 中自动存图的时间,使损失减少到最小。运行"选项"命令弹出"选项"对话框,如图 3-3 所示。选择"打开和保存"选项卡,根据用户所处环境情况设定系统的自动保存间隔时间。这样计算机将按用户设定的时间自动保存一个以"zw＄"为扩展名的文件。这个文件存放在设定的文件夹里,遇到断电等异常情况,事后可将此文件更名为以 dwg 为扩展名的文件,在中望 CAD 软件及其他 CAD 软件中就可打开了。

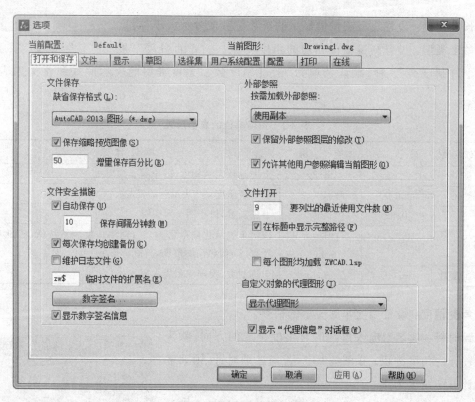

图 3-3　调整自动保存时间

3.4　文件目录

用户可以在"选项"对话框中修改默认的保存路径。学校机房一般会加保护卡,用于保护硬盘分区,如启动盘(C 盘),甚至其他分区如 D 盘,计算机重新启动后图形文件就会丢失。为了应对这种情况,用户可以自己设定一个子目录。具体设置前,需先了解哪个分区是未保护的。如果是全机保护,教师会为学生提供一个存储区,如教师机上的一个子目录,用户可以通过网上邻居,访问到教师机,将文件存放到教师指定的子目录下或保存到自带的 U 盘中。

　　为便于查找,文件目录最好是设置到中望 CAD 目录下,如图 3-4 所示。中望 CAD 是将图、外部引用、块放到“我的文档”中,如果计算机上“我的文档”中文件太多,建议修改用户的保存目录。用户可以修改系统默认的 Temp 目录,来保存临时文件。在公用机房,若是装有保护卡的计算机,用户要在关机前及时把工作文件复制到安全的位置或 U 盘中。

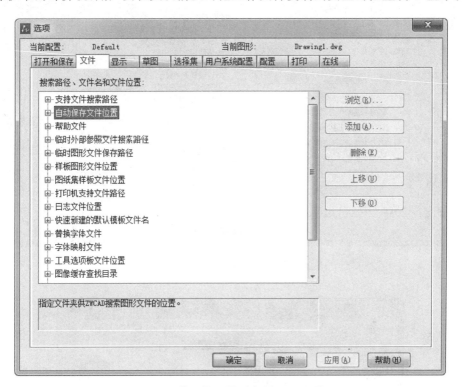

图 3-4　文件目录设置到中望 CAD 目录下

3.5　设置绘图屏幕颜色

　　在“选项”对话框中,用户还可以设置屏幕的绘图颜色。在默认情况下,屏幕图形的背景色是黑色。如图 3-5 所示,选择“显示”选项卡,单击“颜色”按钮,可以将屏幕图形的背景色改为指定的颜色。

　　如在编写的文稿中插入中望 CAD 的图形,需要把屏幕的背景色设置为白色,可单击“颜色”按钮,在如图 3-6 所示对话框中设置。若在“真彩色”选项卡,白色是将 RGB 值均设置为 255。在图 3-6 中,用户可以设置十字光标颜色,用于区分坐标系的 X、Y、Z 轴。

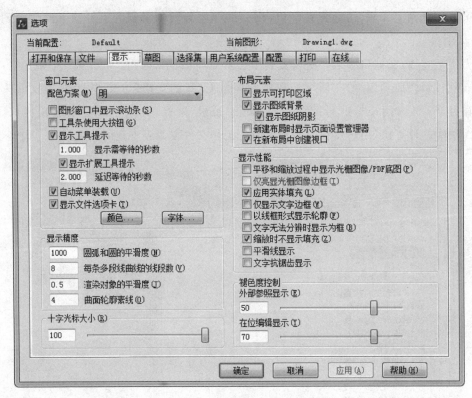

图 3-5 "显示"选项卡

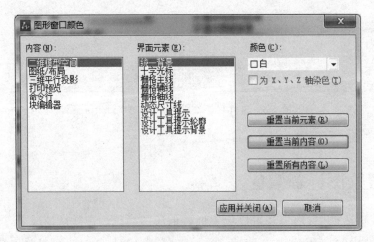

图 3-6 屏幕的背景色设置

如果自选颜色,可单击索引颜色图标,直接选择颜色,如图 3-7 所示。由于是工程图纸,颜色不必设置过多,建议不要以图像处理的颜色要求来处理工程图形。

图 3-7　索引颜色

4 图形绘制

快捷操作

中望 CAD 提供了丰富的创建二维图形的工具。本章主要介绍中望 CAD 中基本的二维绘图命令，如点（Point）、直线（Line）和圆（Circle）等。

本章的目的在于让读者掌握中望 CAD 每个绘图命令的使用，同时分享一些绘图过程中的经验与技巧。

4.1 绘制直线

1. 运行方式

命令行：Line(L)。

功能区："常用"→"绘制"→"直线"命令。

工具栏："绘图"→"直线"按钮 ╲ 。

直线的绘制方法最简单，也是各种绘图中最常用的二维对象之一。用户可绘制任何长度的直线段，通过输入点的 X、Y、Z 坐标，指定二维或三维坐标的起点与终点。

2. 操作步骤

绘制一个菱形（图 4-1），按如下步骤操作。

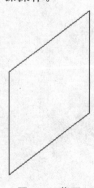

图 4-1　菱形

命令:Line	执行"直线"命令
指定第一个点:100,100	输入绝对直角坐标:[X],[Y],确定第一点
指定下一点或 [角度(A)/长度(L)/放弃(U)]:A	输入 A,以角度和长度来确定第二点
指定角度:90	输入角度值90
指定长度:100	输入长度值100
指定下一点或 [角度(A)/长度(L)/放弃(U)]:@80,60	输入相对直角坐标:@[X],[Y],确定第三点
指定下一点或[角度(A)/长度(L)/闭合(C)/放弃(U)]:@100<−90	输入相对极坐标:@[距离]<[角度],确定第四点
指定下一点或[角度(A)/长度(L)/闭合(C)/放弃(U)]:C	输入 C,闭合二维线段

通过相对坐标和极坐标的方式来确定直线的定位点,可在中望 CAD 中精确绘图。

❖ 直线命令的选项介绍如下。

角度(A):直线段与当前用户坐标系统(UCS)的 X 轴之间的角度。

长度(L):两点间的直线距离。

放弃(U):撤销最近绘制的一条直线段。在命令行中输入 U,按 Enter 键,则重新指定新的终点。

闭合(C):将第一条直线段的起点和最后一条直线段的终点连接起来,形成一个封闭区域。

<终点>:按 Enter 键后,命令行默认最后一点为终点,无论该二维线段是否闭合。

3. 注意

(1) 由直线组成的图形,每条线段都是独立对象,可对每条直线段进行单独编辑。

(2) 在结束"直线"命令后,如需再次执行该命令,可根据命令行提示,直接按 Enter 键,则以上次最后绘制的线段或圆弧的终点作为当前线段的起点。

(3) 在命令行提示下输入三维点的坐标,用户可以绘制三维直线段。

4.2　绘制圆

1. 运行方式

命令行:Circle(C)。

功能区:"常用"→"绘制"→"圆"命令。

工具栏:"绘图"→"圆"按钮⊖。

圆是工程制图中常用的对象之一,圆可以代表孔、轴和柱等对象。中望 CAD 的默认情况提供了 6 种不同已知条件创建圆对象的方式。

2. 操作步骤

本节介绍 4 种方法创建圆对象,按如下步骤操作,如图 4-2 所示。

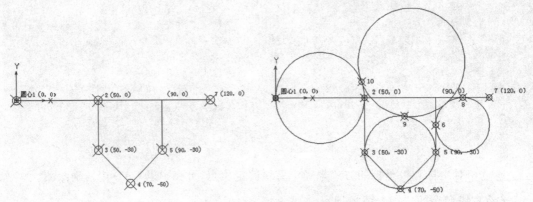

图 4-2   通过使用对象捕捉来确定圆对象

命令：Circle	执行"圆"命令
指定圆的圆心或 [三点(3P)/两点(2P)/切点、切点、半径(T)]：2P	输入 2P 指定圆直径上的两个点绘制圆
指定圆的直径的第一个端点：	拾取端点 1
指定圆的直径的第二个端点：	拾取端点 2

再次按 Enter 键，执行圆命令，看到"指定圆的圆心或 [三点(3P)/两点(2P)/切点、切点、半径(T)]："提示后，在命令行里输入 3P。按 Enter 键，指定圆上第一点为 3，第二点为 4，第三点为 5，以三点方式完成圆对象的创建。

重复执行圆命令，看到"指定圆的圆心或 [三点(3P)/两点(2P)/切点、切点、半径(T)]："提示后，在命令行里输入 T。按 Enter 键，指定对象与圆的第一个切点为 6，第二个切点为 7，看到"指定圆的半径："提示后，输入 15。按 Enter 键，结束第三个圆对象的绘制。

在标题栏"常用"→"绘制"里找到 ⊙ 图标，单击"圆心，半径"按钮，可以看到"指定圆的半径或 [直径(D)]"提示，输入半径值 20。或在命令行里输入 D，输入直径值 40。

同理，在标题栏"常用"→"绘制"里找到 ⊘ 图标，单击"圆心，直径"按钮，可以看到"指定圆的半径或 [直径(D)]"提示，输入半径值 20。或在命令行里输入 D，输入直径值 40。

在标题栏"常用"→"绘制"里找到 ◯ 图标，单击"相切、相切、相切"命令，可以在命令行看到"指定圆上的第一点：_tan 到"提示后，拾取切点 8，依次拾取切点 9 和切点 10，第四个圆对象绘制完毕。

⚙ 圆命令的选项介绍如下。

两点(2P)：通过指定圆直径上的两个点绘制圆。

三点(3P)：通过指定圆周上的三个点来绘制圆。

T(切点、切点、半径)：通过指定相切的两个对象和半径来绘制圆。

3. 注意

（1）放大圆对象或者放大相切处的切点，有时看起来该处并不圆滑或者没有相切。这只是显示问题，只需在命令行输入 Regen(RE)，按 Enter 键，圆对象即可变为光滑。也可以把 Viewres 的数值调大，画出的圆就更加光滑了。

（2）绘图命令中嵌套着撤销命令(Undo)，如果画错了不必立即结束当前的绘图命令，重新再画。在命令行里输入 U，按 Enter 键，软件会自动撤销上一步操作。

4.3　绘制圆弧

1. 运行方式

命令行：Arc（A）。

功能区："常用"→"绘制"→"圆弧"命令。

工具栏："绘图"→"圆弧"按钮。

圆弧也是工程制图中常用的对象之一。创建圆弧的方法有多种，有指定三点画弧，还可以指定弧的起点、圆心和端点来画弧，或者指定弧的起点、圆心和角度来画弧，也可以指定圆弧的角度、半径、方向和弦长等方法。中望 CAD 提供了 11 种画圆弧的方式，如图 4-3 所示。

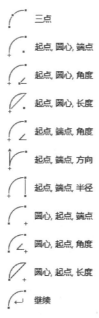

三点

起点，圆心，端点

起点，圆心，角度

起点，圆心，长度

起点，端点，角度

起点，端点，方向

起点，端点，半径

圆心，起点，端点

圆心，起点，角度

圆心，起点，长度

继续

图 4-3　画圆弧的方式

2. 操作步骤

以下介绍几种绘制圆弧的方式。

(1) 三点画弧,按如下步骤操作,如图 4-4 所示。

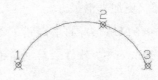

图 4-4　三点画弧

命令：Arc	执行"圆弧"命令
指定圆弧的起点或［圆心(C)］：	指定第一点
指定圆弧的第二个点或［圆心(C)/端点(E)］：	指定第二点
指定圆弧的端点：	指定第三点

(2) 利用直线和圆弧绘制单门的步骤,如图 4-5 所示。

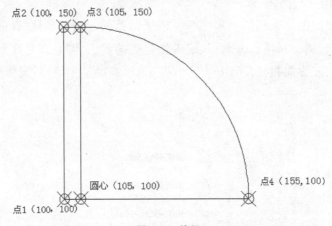

图 4-5　单门

命令：Line	执行"直线"命令
指定第一个点：100,100	输入绝对直角坐标：[X],[Y],确定第一点
指定下一点或［角度(A)/长度(L)/放弃(U)］：A	输入A,以角度和长度来确定第二点
指定角度：90	输入角度值90
指定长度：50	输入长度值50
指定下一点或［角度(A)/长度(L)/放弃(U)］：A	输入A,以角度和长度来确定第三点
指定角度：0	输入角度值0
指定长度：5	输入长度值5
指定下一点或［角度(A)/长度(L)/放弃(U)］：A	输入A,以角度和长度来确定第四点
指定角度：－90	输入角度值－90
指定长度：50	输入长度值50
指定下一点或［角度(A)/长度(L)/闭合(C)/放弃(U)］:C	输入C,闭合二维线段
命令：Arc	执行"圆弧"命令

指定圆弧的起点或［圆心(C)］：	指定第四点
指定圆弧的第二个点或［圆心(C)/端点(E)］：	指定圆心
指定圆弧的端点：	指定第三点
命令：Line	执行"直线"命令
指定第一个点：	指定圆心
指定下一点或［角度(A)/长度(L)/放弃(U)］：	指定第四点

（3）还可以如下三种方式创建所需圆弧对象，如图 4-6 所示。

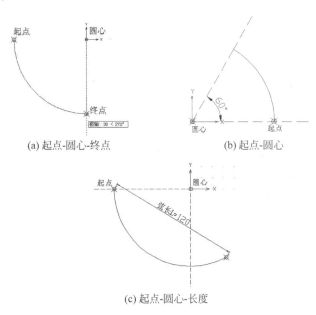

(a) 起点-圆心-终点　　　　　　　(b) 起点-圆心

(c) 起点-圆心-长度

图 4-6　绘制圆弧的 3 种方式

圆弧命令的选项介绍如下。

三点：指定圆弧的起点、终点以及圆弧上任意一点。

起点：指定圆弧的起点。

半径：指定圆弧的半径。

端点（E）：指定圆弧的终点。

圆心（C）：指定圆弧的圆心。

弦长（L）：指定圆弧的弦长。

方向（D）：指定圆弧的起点切向。

角度（A）：指定圆弧包含的角度。默认情况下，顺时针为负，逆时针为正。

3. 注意

圆弧的角度与半径值均有正、负之分。默认情况下中望 CAD 在逆时针方向上绘制出较小的圆弧，如果输入负数半径值，则绘制出较大的圆弧。同样，指定角度时从起点到终点的圆弧方向，输入角度值是逆时针方向，如果输入负数角度值，则是顺时针方向。

4.4　绘制椭圆和椭圆弧

1. 运行方式

命令行：Ellipse（EL）。

功能区："常用"→"绘制"→"椭圆"/"椭圆弧"命令。

工具栏："绘图"→"椭圆"按钮 ◯/"椭圆弧"按钮 ◡。

椭圆对象包括圆心、长轴和短轴。椭圆的中心到圆周上的距离是变化的，而部分椭圆就是椭圆弧。

2. 操作步骤

图 4-7(a)是以椭圆中心点为圆心，分别指定椭圆的长轴、短轴；图 4-7(b)是以椭圆轴的两个端点和另一轴半长来绘制椭圆。

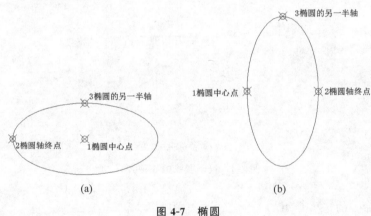

图 4-7　椭圆

以图 4-7(a)为例绘制椭圆，按如下步骤操作。

命令：Ellipse	执行"椭圆"命令
指定椭圆的第一个端点或 [弧(A)/中心(C)]:C	输入 C,选择中心点
指定椭圆的中心：	指定椭圆中心
指定轴的终点：	指定点 2
指定其他轴或 [旋转(R)]:	指定点 3

椭圆命令还可以绘制椭圆弧，启动命令后，可以使用"弧(A)"选项，也可以直接单击"椭圆弧"按钮 ◡。绘制椭圆弧除了要指定椭圆中心和长轴、短轴，还需要指定起止角度。

下面介绍用直线、圆、椭圆和椭圆弧命令绘制脸盆的步骤，如图 4-8 所示。

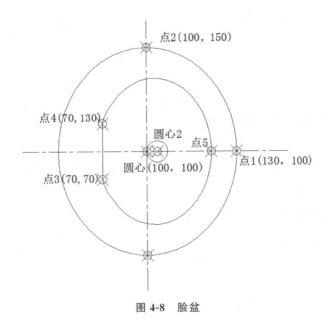

图 4-8 脸盆

命令：Ellipse	执行"椭圆"命令
指定椭圆的第一个端点或［弧(A)/中心(C)]:C	输入 C，选择中心点
指定椭圆的中心：	指定椭圆中心
指定轴的终点：	指定点 1
指定其他轴或［旋转(R)]：	指定点 2
命令：Ellipse	执行"椭圆"命令，绘制椭圆弧
指定椭圆的第一个端点或［弧(A)/中心(C)]:A	输入 A，绘制椭圆弧
指定椭圆的第一个端点或［中心(C)]:C	输入 C，选择中心点
指定椭圆的中心：	指定圆心 2
指定轴的终点：	指定点 5
指定其他轴或［旋转(R)]:35	输入旋转角度 35°
指定起始角度或［参数(P)]：	指定点 3
指定终止角度或［参数(P)/包含(I)]：	指定点 4
命令:Line	执行"直线"命令
指定第一个点：	指定点 3
指定下一点或［角度(A)/长度(L)/放弃(U)]：	指定点 4
指定下一点或［角度(A)/长度(L)/放弃(U)]：	按 Enter 键结束命令
命令：Circle	执行"圆"命令
指定圆的圆心或［三点(3P)/两点(2P)/切点、切点、半径(T)]：	以圆心 2 作为小圆的圆心
指定圆的半径或［直径(D)]：	选择椭圆圆心

✿ 椭圆命令的选项介绍如下。

弧（A）：绘制椭圆弧。

起始角度：定义椭圆弧的第一个端点。

终止角度：定义椭圆弧的第二个端点。

参数（P）：以矢量参数方程式来计算椭圆弧的端点角度。

包含(I)：指所创建的椭圆弧从起始角度开始的包含角度值。

中心点(C)：通过指定中心点来创建椭圆或椭圆弧对象。

旋转(R)：用长、短轴线之间的比例,来确定椭圆的短轴。

3. 注意

(1) 椭圆命令绘制的椭圆同圆一样,不能用"分解""编辑多段线"等命令修改。

(2) 通过系统变量 Pellipse 控制椭圆命令创建的对象是真的椭圆还是以多段线表示的椭圆。当 Pellipse 设置为 0 时,即默认值,绘制的椭圆是真的椭圆;当该变量设置为 1 时,绘制的椭圆对象由多段线组成的。

(3) "旋转(R)"选项可输入的角度取值范围是 0~89.4。若输入 0,则绘制的为圆。输入值越大,椭圆的离心率就越大。

4.5 绘制点

1. 运行方式

命令行：Point。

功能区："常用"→"绘制"→"点"命令。

工具栏："绘图"→"点"按钮 ⣿ 。

点不仅表示一个小的实体,而且可作为绘图的参考标记。中望 CAD 提供了 20 种类型的点样式,如图 4-9 所示,点样式的命令为 Ddptype。

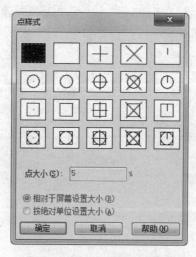

图 4-9　点样式的设置对话框

⚙设置点样式的选项介绍如下。

相对于屏幕设置大小：以屏幕尺寸的百分比设置点的显示大小。在进行缩放时,点的显示大小不随其他对象的变化而改变。

按绝对单位设置大小：以指定的实际单位值来显示点。在进行缩放时，点的大小将随其他对象的变化而变化。

2. 操作步骤

为等边三角形的三个顶点创建点标记，按如下步骤操作，如图 4-10 所示。

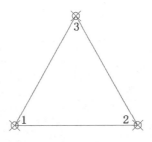

图 4-10　点标记符号显示

命令：Point	执行"点"命令
指定点定位或 [设置(S)/多次(M)]:M	输入 M,以多点方式创建点标记
指定点定位或 [设置(S)]:	拾取端点 1
指定点定位或 [设置(S)]:	拾取端点 2
指定点定位或 [设置(S)]:	拾取端点 3

（1）分割对象：利用定数等分命令，沿着直线或圆周方向均匀间隔一段距离排列点的实体或块。用块名为 C1 的圆将圆分割为三等分，如图 4-11 所示。

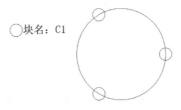

图 4-11　分割对象

命令：Divide	执行"定数等分"命令
选取分割对象：	选取圆对象
输入分段数或 [块(B)]: B	输入 B
输入要插入的块名: C1	输入图块名称
将块与对象对齐？[是(Y)/否(N)] <是>: Y	输入 Y
输入分段数: 3	输入 3

（2）测量对象：利用"定距等分"命令，在实体上按测量的间距排列点实体或块。把周长为 550 的圆，用块名为 C1 的对象，以 100 为分段长度，测量圆对象，如图 4-12 所示。

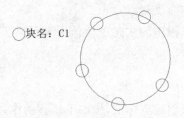

图 4-12　测量对象

命令：Measure	执行"定距等分"命令
选取量测对象：	选取圆对象
指定分段长度或 [块(B)]:B	输入 B
输入要插入的块名：C1	输入图块名称
将块与对象对齐？[是(Y)/否(N)] <是>：Y	输入 Y
输入分段长度:100	输入 100

3. 注意

（1）可通过在屏幕上拾取点或者输入坐标值来指定所需的点（在三维空间内，也可指定Z 轴坐标值来创建点）。

（2）创建好的参考点对象，可以使用节点(Node)对象捕捉来捕捉改点。

（3）用"定数等分"或"定距等分"命令插入图块时，先定义图块。

4.6　徒手画线

1. 运行方式

命令行：Sketch。

徒手画线对于创建不规则边界或使用数字化仪追踪非常有用，可以使用"徒手画线"命令徒手绘制图形、轮廓线及签名等。

在中望 CAD 中"徒手画线"命令没有对应的菜单或工具按钮，因此要使用该命令，必须在命令行中输入 Sketch，按 Enter 键，方可启动"徒手画线"命令，输入分段长度，屏幕上出现一支铅笔，鼠标轨迹变为线条。

2. 操作步骤

执行"徒手画线"命令，并根据命令行提示指定分段长度后，将显示如下提示信息。

命令：Sketch	执行"徒手画线"命令
指定分段长度 <1>:	指定分段线长度
按 Enter 键结束/落笔(P)：P	输入 P
按 Enter 键结束/停止(Q)/落笔(P)/擦除(E)/写入图中(W)/:(素描(S)...)	按 Enter 键结束

　　绘制草图时,定点设备就像画笔一样。单击定点设备将"画笔"放到屏幕上以进行绘图,再次单击将收起画笔并停止绘图。徒手画由许多条线段组成,每条线段都可以是独立的对象或多段线。可以设置线段的最小长度或增量。使用较小的线段可以提高精度,但会明显增加图形文件的大小,因此,要尽量少使用此工具。

4.7　绘制圆环

1. 运行方式

命令行:Donut (DO)。

功能区:"常用"→"绘制"→"圆环"命令。

工具栏:"绘图"→"圆环"按钮 ⊙ 。

　　圆环是由相同圆心、不相等直径的两个圆组成的。控制圆环的主要参数是圆心、内直径和外直径。如果内直径为0,则圆环为填充圆。如果内直径与外直径相等,则圆环为普通圆。圆环经常用在电路图中,代表一些元件符号。

2. 操作步骤

以图 4-13(a)为例,绘制圆环,按如下步骤操作。

(a) 绘制圆环　　　(b) 圆环体内直径为0　　　(c) 关闭圆环填充　　　(d) 圆环体内直径为0

图 4-13　圆环

命令: Fill	执行"填充"命令
Fillmode 已经关闭: 打开(ON)/切换(T)/<关闭>: ON	输入 ON,打开填充设置
命令: Donut	执行"圆环"命令
指定圆环的内径 < 10.0000 >:10	指定圆环内直径为 10
指定圆环的外径 < 15.0000 >:15	输入圆环外直径为 15
指定圆环的中心点或 <退出>:	指定圆环的中心为坐标原点

❖ 圆环命令的选项介绍如下。

圆环的内径:指圆环体内圆直径。

圆环的外径:指圆环体外圆直径。

3. 注意

（1）圆环对象可以使用"编辑多段线"（Pedit）命令编辑。

（2）圆环对象可以使用"分解"（Explode）命令转化为圆弧对象。

（3）开启填充（Fill＝ON）时，圆环显示为填充模式，如图 4-13（a）和（b）所示。

（4）关闭填充（Fill＝OFF）时，圆环显示为不填充模式，如图 4-13（c）和（d）所示。

4.8　绘制矩形

1. 运行方式

命令行：Rectangle（REC）。

功能区："常用"→"绘制"→"矩形"命令。

工具栏："绘图"→"矩形"按钮 □。

通过确定矩形对角线上的两个点来绘制矩形。

2. 操作步骤

绘制矩形可按如下步骤操作，如图 4-14 所示。

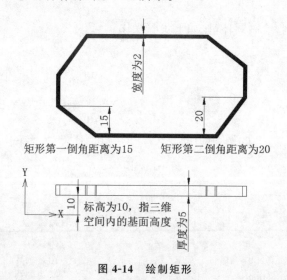

图 4-14　绘制矩形

命令：Rectang	执行"矩形"命令
指定第一个角点或 [倒角(C)/标高(E)/圆角(F)/正方形(S)/厚度(T)/宽度(W)]:C	输入 C，设置倒角参数
指定所有矩形的第一个倒角距离 ＜0.0000＞: 15	输入第一倒角距离 15
指定所有矩形的第二个倒角距离 ＜0.0000＞: 20	输入第二倒角距离 20
指定第一个角点或 [倒角(C)/标高(E)/圆角(F)/正方形(S)/厚度(T)/宽度(W)]: E	输入 E，设置标高值
指定所有矩形的标高 ＜0.0000＞: 10	输入标高值为 10
指定第一个角点或 [倒角(C)/标高(E)/圆角(F)/正方形(S)/厚度(T)/宽度(W)]:T	输入 T，设置厚度值
指定所有矩形的厚度 ＜0.0000＞: 5	输入厚度值为 5

指定第一个角点或 [倒角(C)/标高(E)/圆角(F)/正方形(S)/厚度(T)/宽度(W)]: W　　输入 W,设置宽度值
指定所有矩形的宽度 <0.0000>: 2　　设置宽度值为 2
指定第一个角点或 [倒角(C)/标高(E)/圆角(F)/正方形(S)/厚度(T)/宽度(W)]:　　拾取第一对角点
指定其他的角点或 [面积(A)/尺寸(D)/旋转(R)]:　　拾取第二对角点

⚙ 矩形命令的选项介绍如下。

倒角(C):设置矩形角的倒角距离。

标高(E):确定矩形在三维空间内的基面高度。

圆角(F):设置矩形角的圆角大小。

旋转(R):通过输入旋转角度来选取另一对角点来确定显示方向。

厚度(T):设置矩形的厚度,即 Z 轴方向的高度。

宽度(W):设置矩形的线宽。

3. 注意

(1) 矩形选项中,除面积一项之外,都会将所做的设置保存为默认设置。

(2) 矩形的属性其实是多段线对象,也可通过"分解"(Explode)命令把多段线转化为多条直线段。

(3) 通过左视图或右视图查看标高值和厚度。

4.9　绘制正多边形

1. 运行方式

命令行:Polygon(POL)。

功能区:"常用"→"绘制"→"正多边形"命令。

工具栏:"绘图"→"正多边形"按钮 ⬠ 。

在中望 CAD 中,绘制正多边形的命令可以精确绘制 3～1024 条边的正多边形。

2. 操作步骤

绘制正六边形可按如下步骤操作,如图 4-15 所示。

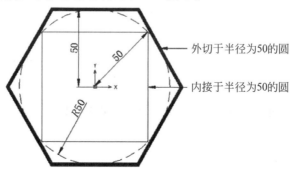

图 4-15　以外切于圆和内接于圆绘制六边形

命令：Polygon	执行"正多边形"命令
输入边的数目 < 4 > 或 [多个(M)/线宽(W)]：W	输入 W
指定多段线宽度 < 0 > :2	输入宽度值为 2
输入边的数目 < 4 > 或 [多个(M)/线宽(W)]:6	输入多边形的边数为 6
指定正多边形的中心点或 [边(E)]：	拾取坐标原点
输入选项 [内接于圆(I)/外切于圆(C)] < C > : C	输入 C
指定圆的半径:50	输入外切圆的半径为 50
命令：Polygon	再次执行"正多边形"命令
输入边的数目 < 4 > 或 [多个(M)/线宽(W)]：4	输入多边形的边数为 4
指定正多边形的中心点或 [边(E)]：	拾取坐标原点
输入选项 [内接于圆(I)/外切于圆(C)] < C > : I	输入 I
指定圆的半径: 50	输入外切圆的半径为 50

❖ 正多边形命令的选项介绍如下。

多个（M）：如果需要创建同样属性的正多边形,在执行"正多边形"命令后,首先键入 M,输入所需参数值后,就可以连续指定位置放置正多边形。

线宽（W）：指正多边形的多段线宽度值。

边（E）：通过指定边缘第一端点及第二端点,可确定正多边形的边长和旋转角度。

内接于圆（I）：指定外接圆的半径,正多边形的所有顶点都在此圆周上。

外切于圆（C）：指定从正多边形中心点到各边中心的距离。

3. 注意

（1）用"正多边形"命令绘制的正多边形是一条多段线,可用"编辑多段线"（Pedit）命令对其进行编辑。

（2）多边形中心指定多边形的中心点。

4.10 绘制多段线

1. 运行方式

多段线

命令行：Pline(PL)。

功能区："常用"→"绘制"→"多段线"命令。

工具栏："绘图"→"多段线"按钮 C... 。

多段线由直线段或弧连接组成,作为单一对象使用。可以绘制直线箭头和弧形箭头。

2. 操作步骤

使用"多段线"命令进行绘制,按如下步骤操作,如图 4-16 所示。

图 4-16 用"多段线"命令进行绘制

命令:Pline	执行"多段线"命令
指定多段线的起点:100,100	以 100,100 作为起点
指定下一点或 [圆弧(A)/半宽(H)/长度(L)/撤销(U)/宽度(W)]:W	输入 W,设置宽度值
指定起始宽度 <0.0000>:0	输入起始宽度值为 0
指定终止宽度 <0.0000>:40	输入终止宽度值为 40
指定下一点或 [圆弧(A)/半宽(H)/长度(L)/撤销(U)/宽度(W)]:5	输入长度 5
指定下一点或 [圆弧(A)/闭合(C)/半宽(H)/长度(L)/撤销(U)/宽度(W)]:W	选择宽度
指定起始半宽 <0.0000>:1	输入起始半宽
指定终止半宽 <0.0000>:1	输入终止半宽
指定下一点或 [圆弧(A)/闭合(C)/半宽(H)/长度(L)/撤销(U)/宽度(W)]:L	指定直线的长度为 25.5
指定下一点或 [圆弧(A)/闭合(C)/半宽(H)/长度(L)/撤销(U)/宽度(W)]:A	输入 A,选择画弧方式
指定圆弧的端点(按住 Ctrl 键以切换方向)或[角度(A)/圆心(CE)/闭合(CL)/方向(D)/半宽(H)/直线(L)/半径(R)/第二个点(S)/宽度(W)/撤销(U)]:R	输入 R,选择半径
指定半径:5	输入半径值为 5
指定圆弧的端点(按住 Ctrl 键以切换方向)或 [角度(A)]:	指定圆弧的终点
指定圆弧的端点(按住 Ctrl 键以切换方向)或 [角度(A)/圆心(CE)/闭合(CL)/方向(D)/半宽(H)/直线(L)/半径(R)/第二个点(S)/宽度(W)/撤销(U)]:	按 Enter 键结束操作

❖ 多段线命令的选项介绍如下。

圆弧(A):指定弧的起点和终点绘制圆弧段。

半宽(H):指从宽多段线线段的中心到其一边的宽度。

长度(L):指定下一条绘制的直线段的长度。

撤销(U):放弃最近一条绘制的弧线段。

宽度(W):带有宽度的多段线。

闭合(C):通过在上一条线段的终点和多段线的起点间绘制一条线段来封闭多段线。

角度(A):指定圆弧从起点开始所包含的角度。

圆心(CE):指定圆弧所在圆的圆心。

方向(D):指定圆弧的起点切向。

直线(L):退出"圆弧"模式,返回绘制多段线的主命令行,继续绘制线段。

半径(R):指定圆弧所在圆的半径。

第二个点(S):指定圆弧上的点和圆弧的终点,以 3 个点来绘制圆弧。

3. 注意

系统变量 Fillmode 控制圆环和其他多段线的填充显示,设置 Fillmode 为关闭(值为 0 时),那么创建的多段线就为二维线框对象。

4.11　绘制迹线

1. 运行方式

命令行:Trace。

使用"迹线"命令绘制具有一定宽度的实体线。

2. 操作步骤

使用"迹线"命令绘制一个边长为 10、宽度为 2 的正方形,按如下步骤操作,如图 4-17 所示。

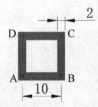

图 4-17　用"迹线"命令绘制正方形

执行命令:Trace	执行"迹线"命令
指定迹线宽度 <1>: 2	输入迹线宽度值 2
指定迹线起点:	拾取 A 点
指定下一点	拾取 B 点
指定下一点	拾取 C 点
指定下一点	拾取 D 点

3. 注意

(1)"迹线"命令不能自动封闭图形,即没有闭合(Close)选项,也没有放弃(Undo)的操作功能。

(2) 系统变量 Tracewid 可以设置默认迹线的宽度值。

4.12　绘制射线

1. 运行方式

命令行:Ray。

功能区："常用"→"绘制"→"射线"命令。

工具栏："绘图"→"射线"按钮 ╲。

射线是从一个指定点开始并且向一个方向无限延伸的直线。

2. 操作步骤

使用射线命令平分等边三角形的顶角,按如下步骤操作,如图 4-18 所示。

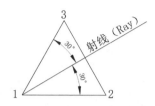

图 4-18 用"射线"命令平分等边三角形的顶角

执行命令：Ray	执行"射线"命令
指定射线起点或 [等分(B)/水平(H)/竖直(V)/角度(A)/偏移(O)]：B	输入 B,选择以等分形式引出射线
指定顶点或 [对象(E)]：	拾取顶点 1
指定平分角起点：	拾取顶点 2
指定平分角终点：	拾取顶点 3
按 Enter 键	射线自动生成

⚙ 射线命令的选项介绍如下。

等分(B)：垂直于已知对象或平分已知对象绘制等分射线。

水平(H)：平行于当前 UCS 的 X 轴绘制水平射线。

竖直(V)：平行于当前 UCS 的 Y 轴绘制垂直射线。

角度(A)：指定角度绘制带有角度的射线。

偏移(O)：以指定距离将选取的对象偏移并复制,使对象副本与原对象平行。

4.13 绘制构造线

1. 运行方式

命令行：Xline (XL)。

功能区："常用"→"绘制"→"构造线"命令。

工具栏："绘图"→"构造线"按钮 ╲。

构造线是没有起点和终点的无穷延伸的直线。

2. 操作步骤

通过对象捕捉节点方式来确定构造线,如图 4-19 所示。

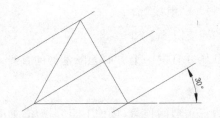

图 4-19   通过对象捕捉节点绘制构造线

执行命令：Xline   执行"构造线"命令 指定构造线位置或　[等分(B)/水平(H)/竖直(V)/角度(A)/偏移(O)]：A   选择以指定角度绘制构造线 输入角度值或 [参照值(R)] ＜0 ＞:30   构造线的指定角度为30° 定位：   依次指定三角形的 3 个顶点

◆ 构造线命令的选项介绍如下。

水平（H）：平行于当前 UCS 的 X 轴绘制水平构造线。

竖直（V）：平行于当前 UCS 的 Y 轴绘制垂直构造线。

角度（A）：指定角度绘制带有角度的构造线。

等分（B）：垂直于已知对象或平分已知对象绘制等分构造线。

偏移（O）：以指定距离将选取的对象偏移并复制，使对象副本与原对象平行。

3. 注意

构造线作为临时参考线用于辅助绘图，参照完毕后应将其删除，以免影响图形的效果。

4.14 绘制样条曲线

1. 运行方式

命令行：Spline(SPL)。

功能区："常用"→"绘制"→"样条曲线"命令。

工具栏："绘图"→"样条曲线"按钮 ～ 。

样条曲线是由一组点定义的一条光滑曲线。可以用样条曲线生成一些地形图中的地形线、绘制盘形凸轮轮廓曲线、作为局部剖面的分界线等。

2. 操作步骤

用"样条曲线"命令绘制一个 S 图形，按如下步骤操作，如图 4-20 所示。

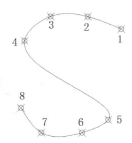

图 4-20 用"样条曲线"命令绘制 S 图形

命令:Spline	执行"样条曲线"命令
指定第一个点或 [对象(O)]:	拾取第一点
指定下一点:	拾取第二点
指定下一点或 [闭合(C)/拟合公差(F)/放弃(U)] <起点切向>:	拾取第三点
……	拾取第四至第七点
指定下一点或 [闭合(C)/拟合公差(F)/放弃(U)] <起点切向>:	拾取第八点
指定起点切向:	右击
指定端点切向:	右击

◈ 样条曲线命令的选项介绍如下。

闭合(C)：生成一条闭合的样条曲线。

拟合公差(F)：键入曲线的偏差值。值越大,曲线就越相对平滑。

起点切点：指定起始点切线。

端点相切：指定终点切线。

5 编辑对象

图形编辑就是对图形对象进行移动、旋转、复制、缩放等操作。中望CAD提供强大的图形编辑功能,可以帮助用户合理地构造和组织图形,以获得准确的图形。合理地运用编辑命令可以极大地提高绘图效率。

线、修剪、
偏移、删除

本章内容与绘图命令结合得非常紧密。通过本章的学习,读者可以掌握编辑命令的操作方法,能够利用绘图命令和编辑命令制作复杂的图形。

5.1 常用编辑命令

在中望CAD中,用户不仅可以使用夹点来编辑对象,还可以通过单击"修改"工具栏的菜单中的相关命令来实现。

5.1.1 删除

1. 运行方式

命令行: Erase(E)。

功能区:"常用"→"修改"→"删除"命令。

工具栏:"修改"→"删除"按钮 ◆ 。

删除图形文件中选取的对象。

2. 操作步骤

用"删除"命令删除图 5-1(a)中的圆形,结果如图 5-1(b)所示。操作步骤如下。

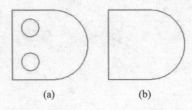

(a)　　　　　　(b)

图 5-1　用"删除"命令删除图形

命令：Erase	执行"删除"命令
选择对象:找到 1 个	单击圆选取删除对象,提示选中数量
选择对象:找到 1 个,总计 2 个	单击圆选取删除对象,提示选中数量
按 Enter 键	删除对象

3. 注意

使用"恢复"(Oops)命令,可以恢复最后一次使用"删除"命令删除的对象。如果要连续恢复之前被删除的对象,则需要使用"取消"(Undo)命令。

5.1.2 移动

移动、缩放

1. 运行方式

命令行：Move(M)。

功能区："常用"→"修改"→"移动"命令。

工具栏："修改" ▸ "移动"按钮 ⊕ 。

将选取的对象以指定的距离从原来位置移动到新的位置。

2. 操作步骤

使用"移动"命令将图 5-2(a)中上面三个圆向上移动一定的距离,如图 5-2(b)所示。操作步骤如下。

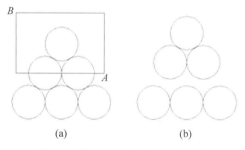

(a)   (b)

图 5-2　使用"移动"命令进行移动

命令：Move	执行"移动"命令
选择对象:	拾取 A 点,指定窗选对象的第一点
指定对角点:找到 3 个	拾取 B 点,指定窗选对象的第二点
选择对象:	按 Enter 键结束对象选择
指定基点或"位移(D)"<位移>:	指定移动的基点
指定第二点的位移或者 <使用第一点当作位移>:	垂直向上指定另一点,移动成功

⚙ "移动"命令的选项介绍如下。

基点：指定移动对象的开始点。移动对象的距离和方向的计算均以起点为基准。

位移（**D**）：指定移动距离和方向的 X、Y、Z 值。

3. 注意

用户可借助目标捕捉功能来确定移动的位置。移动对象时，建议将"极轴"状态打开，这样可以清楚地看到移动的距离及方位。

5.1.3 旋转

1. 运行方式

命令行：Rotate（RO）。

功能区："常用"→"修改"→"旋转"命令。

工具栏："修改"→"旋转"按钮 ⟳ 。

通过指定的点来旋转选取的对象。

2. 操作步骤

用"旋转"命令将图 5-3（a）中正方形内的两个螺栓复制旋转 90°，使得正方形每个角都有一个螺栓，结果如图 5-3（c）所示。操作步骤如下。

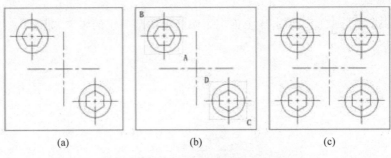

(a)   (b)   (c)

图 5-3 用"旋转"命令旋转选中的对象

命令：Rotate	执行"旋转"命令
选择对象：	拾取 A 点，指定窗选对象的第一点
指定对角点：找到 9 个	拾取 B 点，指定窗选对象的第二点
选择对象：	拾取 C 点，指定窗选对象的第一点
指定对角点：找到 9 个，共 18 个	拾取 D 点，指定窗选对象的第二点
	提示已选择对象数，单击"确定"按钮
指定基点：	选择正方形的中点为基点
指定旋转角度或"复制(C)/参照(R)" < 270 >：C	选择复制旋转
指定旋转角度或"复制(C)/参照(R)" < 270 >：90	指定旋转 90°，按 Enter 键，旋转并复制成功

⚙ "旋转"命令的选项介绍如下。

旋转角度：选中对象绕指定的基点旋转的角度。旋转轴通过指定的基点，并且平行于当前用户坐标系的 Z 轴。

复制（**C**）：创建对象的旋转副本。

参照（**R**）：将对象从指定的角度旋转到新的绝对角度。

3. 注意

对象相对于基点的旋转角度有正负之分，默认正角度表示沿逆时针方向旋转，负角度表示沿顺时针方向旋转。

5.1.4 复制

1. 运行方式

命令行：Copy(CO/ CP)。

功能区："常用"→"修改"→"复制"命令。

工具栏："修改"→"复制"按钮 ⬚ 。

将指定的对象复制到指定的位置上。

2. 操作步骤

用"复制"命令复制图 5-4(a)中床上的枕头，结果如图 5-4(b)所示。操作步骤如下。

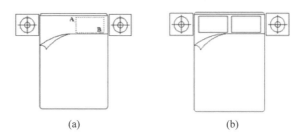

(a)   (b)

图 5-4　用"复制"命令复制图形

命令：Copy	执行"复制"命令
选择对象：	拾取 A 点，指定窗选对象的第一点
指定对角点：找到 1 个	拾取 B 点，指定窗选对象的第二点
选择对象：	按 Enter 键结束对象选择
指定基点或"位移(D)/模式(O)"<位移>：	指定复制的基点
指定第二点的位移或者"阵列(A)"<使用第一点当作位移>：	水平向左指定另一点，复制成功

⚙ "复制"命令的选项介绍如下。

基点：通过基点和放置点来定义一个矢量，指示复制的对象移动的距离和方向。

位移（**D**）：通过输入一个三维数值或指定一个点来指定对象副本在当前 X、Y、Z 轴的方向和位置。

模式（**O**）：控制复制的模式为单个或多个，确定是否自动重复该命令。

阵列（A）：副本在指定的线性阵列中排列。

3．注意

（1）"复制"命令支持对简单单一对象（集）的复制，如直线/圆/圆弧/多段线/样条曲线和单行文字等，同时也支持对复杂对象（集）的复制，如关联填充、块/多重插入块、多行文字、外部参照、组对象等。

（2）使用"复制"命令可在一个图样文件进行多次复制，如果要在图样之间进行复制，应采用"复制"（Copyclip）操作（Ctrl＋C），它将复制对象复制到 Windows 的剪贴板上，然后在另一个图样文件中用"粘贴"（Pasteclip）操作（Ctrl＋V）将剪贴板上的内容粘贴到图样中。

5.1.5 镜像

1．运行方式

命令行：Mirror（MI）。

功能区："常用"→"修改"→"镜像"命令。

工具栏："修改"→"镜像"按钮 。

以一条线段为基准线，创建对象的反射副本。

2．操作步骤

使用"镜像"命令使双人床（图 5-5（a））另一边也有同样的台灯，如图 5-5（b）所示。操作步骤如下。

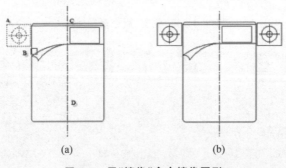

（a）　　　　　　　　　　　　　（b）

图 5-5　用"镜像"命令镜像图形

命令：Mirror	执行"镜像"命令
选择对象：	拾取 A 点，指定窗选对象的第一点
指定对角点：找到 5 个	拾取 B 点，提示已选中数量
	按 Enter 键结束对象选择
指定镜像线的第一点：	拾取 C 点，指定镜像线第一点
指定镜像线的第二点：	拾取 D 点，指定镜像线第二点
是否删除源对象?"是(Y)/否(N)" <否(N)>: N	按 Enter 键结束命令

3. 注意

若选取的对象为文本,可配合系统变量 Mirrtext 来创建镜像文字。当 Mirrtext 的值为 1 时,文字对象将同其他对象一样被镜像处理。当 Mirrtext 设置为 0 时,创建的镜像文字对象的方向不作改变。

5.1.6　阵列

1. 运行方式

命令行:Array(AR)。

功能区:"常用"→"修改"→"阵列"命令。

工具栏:"修改"→"阵列"按钮 ▦。

复制选定对象的副本,并按指定的方式排列。除了可以对单个对象进行阵列的操作,还可以对多个对象进行阵列的操作,在执行该命令时,系统会将多个对象视为一个整体对象来对待。

2. 操作步骤

将图 5-6(a)使用"阵列"命令进行阵列复制,得到 5-6(b)所示的桌椅布置。操作步骤如下。

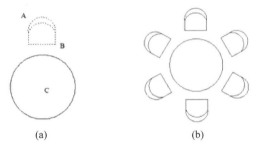

(a)　　　　　　　　　　　　(b)

图 5-6　用"阵列"命令进行阵列复制而形成桌椅

命令:Array	执行"阵列"命令,打开图 5-7 所示对话框

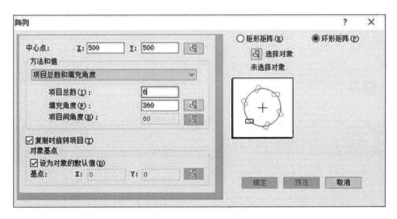

图 5-7　"阵列"对话框

中心点:	拾取 C 点,指定环形阵列中心
项目总数:6	指定整列项数
填充角度:360	指定阵列角度
选择对象:	拾取 A 点,指定窗选对象的第一点
指定对角点:	拾取 B 点,指定窗选对象的第二点
找到 5 个	提示已选择对象数
确定	单击"确定"按钮,阵列完成

"阵列"命令的选项介绍如下。

矩形阵列(R):复制选定的对象后,为其指定行数和列数创建阵列,如图 5-8 所示。

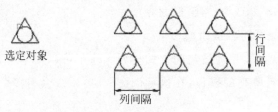

图 5-8　矩形阵列示意

环形阵列(P):以指定的圆心或基准点来复制选定的对象,创建环形阵列,如图 5-9 所示。

(a) 选定对象　　(b) 通过旋转对象得到的环形阵列　　(c) 环形阵列填充角=180°:未旋转的对象

图 5-9　环形阵列示意

3. 注意

环形阵列时,阵列角度值若输入正值,将沿逆时针方向旋转;若为负值,则沿顺时针方向旋转。阵列角度值不允许为 0,选项间角度值可以为 0,但当选项间角度值为 0 时,将看不到阵列的任何效果。

5.1.7　偏移

1. 运行方式

命令行:Offset(O)。

功能区："常用"→"修改"→"偏移"命令。

工具栏："修改"→"偏移"按钮 。

以指定的点或指定的距离将选取的对象偏移并复制,使对象副本与原对象平行。

2. 操作步骤

用"偏移"命令偏移一组同心圆,如图 5-10 所示。操作步骤如下。

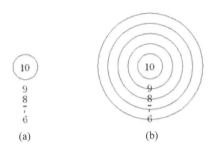

图 5-10　用"偏移"命令偏移对象

命令: Offset	执行"偏移"命令
指定偏移距离或"通过(T)/擦除(E)/图层(L)"<通过>: 2	指定偏移距离
选择要偏移的对象或"放弃(U)/退出(E)"<退出>:	选择圆 10
指定目标点或"退出(E)/多个(M)/放弃(U)"<退出>:	选择圆外点 9 的位置,偏移出与原圆同心的一个圆
选择要偏移的对象或"放弃(U)/退出(E)"<退出>:	选择圆 9
指定目标点或"退出(E)/多个(M)/放弃(U)"<退出>:	选择圆外点 8 的位置
选择要偏移的对象或"放弃(U)/退出(E)"<退出>:	选择圆 8
指定目标点或"退出(E)/多个(M)/放弃(U)"<退出>:	选择圆外点 7 的位置
选择要偏移的对象或"放弃(U)/退出(E)"<退出>:	选择圆 7
选择要偏移的对象或"放弃(U)/退出(E)"<退出>:	选择圆外点 6 的位置,按 Enter 键结束命令

 "偏移"命令的选项介绍如下。

偏移距离:在距离选取对象的指定距离处创建选取对象的副本。

通过(T):以指定点创建通过该点的偏移副本。

3. 注意

偏移命令是一个对象编辑命令,在使用过程中,只能以直接拾取的方式选择对象。

5.1.8　缩放

1. 运行方式

命令行：Scale(SC)。

功能区："常用"→"修改"→"缩放"命令。

工具栏："修改"→"缩放"按钮。

以一定比例放大或缩小选取的对象。

2. 操作步骤

用"缩放"命令将图5-11（a）中左边的五角星放大如图5-11（b）中所示。操作步骤
如下。

(a)   (b)

图5-11 用"缩放"命令放大图形

命令:Scale	执行"缩放"命令
选择对象:找到1个	选择左边五角星作为对象
指定基点:	拾取五角星中心点
指定缩放比例或"复制(C)/参照(R)" < 1.0000 >: 3	指定缩放比例

"缩放"命令的选项介绍如下。

缩放比例：以指定比例值放大或缩小选取的对象。若输入的比例值大于1，则放大对
象；若输入的比例值为0～1的小数，则缩小对象。当指定的距离小于原来对象大小时，缩
小对象；当指定的距离大于原对象大小时，则放大对象。

复制（C）：在缩放对象时，创建缩放对象的副本。

参照（R）：按参照长度和指定的新长度缩放所选对象。

3. 注意

"缩放"（Scale）命令与"缩放"（Zoom）命令有区别，前者可改变实体的尺寸大小，后者只
是缩放显示实体，并不改变实体的尺寸值。

5.1.9 打断

1. 运行方式

命令行：Break(BR)。

功能区："常用"→"修改"→"打断"命令。

工具栏："修改"→"打断"按钮 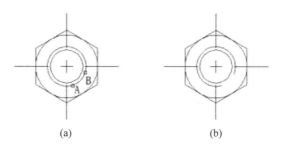 。

将选取的对象在两点之间打断。

2．操作步骤

用"打断"命令删除图 5-12(a)所示圆的一部分,结果如图 5-12(b)所示。操作步骤
如下。

(a)　　　　　　　　　　　　　(b)

图 5-12　用"打断"命令删除图形局部

命令:Break	执行"打断"命令
选取打断对象:	选择 A 到 B 的弧,确定要打断的对象
指定第一打断点或者"第一个点(F)":	输入 F,指定第一打断点
指定第一打断点	拾取 A 点,以 A 点作为第一打断点
指定第二打断点:	以 B 点作为第二打断点

❖ "打断"命令的选项介绍如下。

第一个点(F)：在选取的对象上指定要切断的起点。

第二打断点：在选取的对象上指定要切断的第二点。若用户在命令行输入"打断"命令
后第一条命令提示中选择了第二打断点,则系统将以选取对象时指定的点为默认的第一打
断点。

3．注意

(1) 系统在使用"打断"命令切断被选取的对象时,一般是打断两个打断点之间的部分。
当其中一个打断点不在选定的对象上时,系统将选择离此点最近的对象上的一点为打断点
之一来处理。

(2) 若选取的两个打断点在一个位置,可将对象切开,但不删除某个部分。除了可以指
定同一点,还可以在选择第二打断点时,在命令行提示下输入"@"字符,这样可以达到同样
的效果。但这样的操作不适合圆,要切断圆,必须选择两个不同的打断点。

在切断圆或多边形等封闭区域对象时,系统默认沿逆时针方向切断两个打断点之间的
部分。

5.1.10　合并

1. 运行方式

命令行：Join。

功能区："常用"→"修改"→"合并"命令。

工具栏："修改"→"合并"按钮 ⬚。

将对象合并以形成一个完整的对象。

2. 操作步骤

用"合并"命令连接图 5-13(a)所示两段直线，结果如图 5-13(b)所示。操作步骤如下。

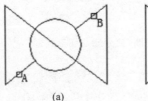 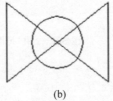

(a)　　　　　　　　　　　　(b)

图 5-13　用"合并"命令连接图形

命令:Join	执行"合并"命令
选择源对象或要一次合并的多个对象：	选择直线 A
选择要合并的对象：	选择直线 B
找到 1 个	提示选中数量
选择要合并的对象：	按 Enter 键结束对象选择

3. 注意

(1) 圆弧：选取要连接的弧。要连接的弧必须都为同一圆的一部分。

(2) 直线：要连接的直线必须是处于同一直线上，它们之间可以有间隙。

(3) 开放多段线：被连接的对象可以是直线、开放多段线或圆弧，对象之间不能有间隙，并且必须位于与 UCS 的 XY 平面平行的同一平面上。

(4) 椭圆弧：选择的椭圆弧必须位于同一椭圆上，它们之间可以有间隙。"闭合"选项可将椭圆弧闭合成完整的椭圆。

(5) 开放样条曲线：连接的样条曲线对象之间不能有间隙。最后对象是单个样条曲线。

5.1.11　倒角

1. 运行方式

命令行：Chamfer(CHA)。

功能区："常用"→"修改"→"倒角"命令。

工具栏："修改"→"倒角"按钮 ◢。

在两线交叉、放射状线条或无限长的线上建立倒角。

2. 操作步骤

用"倒角"命令将图 5-14(a)所示的螺栓前端进行倒角,结果如图 5-14(b)所示。

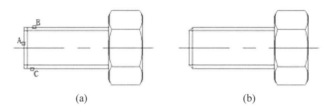

(a)   (b)

图 5-14 用"倒角"命令修改图形

```
命令: Chamfer                                              执行"倒角"命令
当前设置: 模式 = TRIM, 当前倒角距离 1 = 0.0000, 距离 2 = 0.0000
选择第一条直线或"多段线(P)/距离(D)/角度(A)/方式(E)/修剪(T)/多个(M)/放弃(U)": D
                                                          输入 D, 选择倒角距离
指定基准对象的倒角距离 < 0.0000 >: 1                         设置的倒角距离
指定另一个对象的倒角距离 < 1.0000 >:                         按 Enter 键接受默认距离
选择第一条直线或"多段线(P)/距离(D)/角度(A)/方式(E)/修剪(T)/多个(M)/放弃(U)": M
                                                          输入 M, 选择多次倒角
选择第一条直线或"多段线(P)/距离(D)/角度(A)/方式(E)/修剪(T)/多个(M)/放弃(U)":
                                                          选择直线 A, 选取第一个倒角对象
选择第二个对象或按住 Shift 键选择对象以应用角点:              选择直线 B
当前设置: 模式 = TRIM, 距离 1 = 1.0000, 距离 2 = 1.0000
选择第一条直线或"多段线(P)/距离(D)/角度(A)/方式(E)/修剪(T)/多个(M)/放弃(U)":
                                                          选择直线 A, 再选第一个倒角对象
选择第二个对象或按住 Shift 键选择对象以应用角点:              选择直线 C
选择第一条直线或"多段线(P)/距离(D)/角度(A)/方式(E)/修剪(T)/多个(M)/放弃(U)":
                                                          按 Enter 键, 结束命令
```

✿ "倒角"命令的选项介绍如下。

选择第一条直线:选择要进行倒角处理的对象的第一条边,或要倒角的三维实体边中的第一条边。

多段线(P):为整个二维多段线进行倒角处理。

距离(D):创建倒角后,设置倒角到两个选定边的端点的距离。

角度(A):指定第一条线的长度和第一条线与倒角后形成的线段之间的角度值。

修剪(T):由用户自行选择是否对选定边进行修剪,直到倒角线的端点。

方式(E)：选择倒角方式。倒角处理的方式有两种，"距离-距离"和"距离-角度"。

多个(M)：可为多个两条线段的选择集进行倒角处理。

3. 注意

(1) 若要做倒角处理的对象没有相交，系统会自动修剪或延伸到可以做倒角的情况。

(2) 若为两个倒角距离指定的值均为0，选择的两个对象将自动延伸至相交。

(3) 用户选择"放弃"命令时，使用倒角命令为多个选择集进行的倒角处理操作将全部被取消。

5.1.12 圆角

1. 运行方式

命令行：Fillet(F)。

功能区："常用"→"修改"→"圆角"命令。

工具栏："修改"→"圆角"按钮 。

为两段圆弧、圆、椭圆弧、直线、多段线、射线、样条曲线或构造线以及三维实体创建以指定半径的圆弧形成的圆角。

2. 操作步骤

用"圆角"命令将图 5-15(a)所示的槽钢进行倒圆角，结果如图 5-15(b)所示。操作步骤如下。

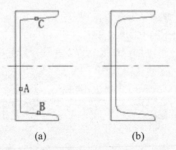

(a)   (b)

图 5-15 用"圆角"命令绘制图形

命令:Fillet	执行"圆角"命令
当前设置: 模式 = TRIM,半径 = 0.0000	
选取第一个对象或"多段线(P)/半径(R)/修剪(T)/多个(M)/放弃(U)":R	输入 R,选择圆角半径
圆角半径 <0.0000>: 10	设置圆角半径
选取第一个对象或"多段线(P)/半径(R)/修剪(T)/多个(M)/放弃(U)":M	输入 M,选择多次倒角
当前设置: 模式 = TRIM,半径 = 10.0000	
选取第一个对象或"多段线(P)/半径(R)/修剪(T)/多个(M)/放弃(U)":	选择直线 A,选取第一个倒角对象
选择第二个对象或按住 Shift 键选择对象以应用角点:	选择直线 B

当前设置:模式 = TRIM,半径 = 10.0000
选取第一个对象或"多段线(P)/半径(R)/修剪(T)/多个(M)/放弃(U)"：　　选择直线 A,再选第一个倒
　　　　　　　　　　　　　　　　　　　　　　　　　　　　　　　　角对象
选择第二个对象或按住 Shift 键选择对象以应用角点：　　　　　　选择直线 C
选取第一个对象或"多段线(P)/半径(R)/修剪(T)/多个(M)/放弃(U)"：　　按 Enter 键,结束命令

⚙ 圆角命令的选项介绍如下。

选取第一个对象：选取要创建圆角的第一个对象。

多段线(P)：在二维多段线中的每两条线段相交的顶点处创建圆角。

半径(R)：设置圆角弧的半径。

修剪(T)：在选定边后,若两条边不相交,选择此选项确定是否修剪选定的边使其延伸到圆角弧的端点。

多个(M)：为多个对象创建圆角。

3. 注意

(1) 若选定的对象为直线、圆弧或多段线,系统将自动延伸这些直线或圆弧直到它们相交,然后再创建圆角。

(2) 若选取的两个对象不在同一图层,系统将在当前图层创建圆角线。同时,圆角的颜色、线宽和线型的设置也是在当前图层中进行。

(3) 若选取的对象是包含弧线段的单个多段线,创建圆角后,新多段线的所有特性(如图层、颜色和线型)将继承所选的第一个多段线的特性。

(4) 若选取的对象是关联填充(其边界通过直线线段定义),创建圆角后,该填充的关联性不再存在。若该填充的边界以多段线来定义,将保留其关联性。

(5) 若选取的对象为一条直线和一条圆弧或一个圆,可能会有多个圆角的存在,系统将默认选择最靠近选中点的端点来创建圆角。

5.1.13　修剪

1. 运行方式

命令行：Trim(TR)。

功能区："常用"→"修改"→"修剪"命令。

工具栏："修改"→"修剪"按钮 ⊸。

清理所选对象超出指定边界的部分。

2. 操作步骤

用"修剪"命令将图 5-16(a)所示的五角星内的直线删除,结果如图 5-16(b)所示。操作步骤如下。

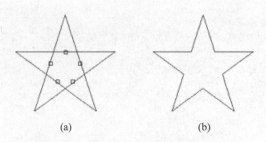

(a)   (b)

图 5-16　用"修剪"命令将直线部分删除

命令:Trim	执行"修剪"命令
当前设置:投影模式 = UCS,边延伸模式 = 不延伸(N)	
选取对象来剪切边界 <全选>:	全选五角星
找到 5 个:	按 Enter 键确认
选择要修剪的实体,或按住 Shift 键选择要延伸的实体,或"边缘模式(E)/围栏(F)/窗交(C)/投影(P)/删除(R)/放弃(U)":	指定五边形的一条边作为剪切对象
选择要修剪的实体,或按住 Shift 键选择要延伸的实体,或"边缘模式(E)/围栏(F)/窗交(C)/投影(P)/删除(R)/放弃(U)":	指定五边形的第二条边作为剪切对象
选择要修剪的实体,或按住 Shift 键选择要延伸的实体,或"边缘模式(E)/围栏(F)/窗交(C)/投影(P)/删除(R)/放弃(U)":	指定五边形的第三条边作为剪切对象
选择要修剪的实体,或按住 Shift 键选择要延伸的实体,或"边缘模式(E)/围栏(F)/窗交(C)/投影(P)/删除(R)/放弃(U)":	指定五边形的第四条边作为剪切对象
选择要修剪的实体,或按住 Shift 键选择要延伸的实体,或"边缘模式(E)/围栏(F)/窗交(C)/投影(P)/删除(R)/放弃(U)":	指定五边形的最后一条边作为剪切对象
选择要修剪的实体,或按住 Shift 键选择要延伸的实体,或"边缘模式(E)/围栏(F)/窗交(C)/投影(P)/删除(R)/放弃(U)":	按 Enter 键结束命令

◆ "修剪"命令的选项介绍如下。

要修剪的实体：指定要修剪的对象。

边缘模式(E)：修剪对象的假想边界或与之在三维空间相交的对象。

围栏(F)：指定围栏点,将多个对象修剪成单一对象。

窗交(C)：通过指定两个对角点来确定一个矩形窗口,选择该窗口内部或与矩形窗口相交的对象。

投影(P)：指定在修剪对象时使用的投影模式。

删除(R)：在执行修剪命令的过程中将选定的对象从图形中删除。

放弃(U)：撤销使用"修剪"命令最近对对象进行的修剪操作。

3. 注意

在用户按 Enter 键结束选择前,系统会不断提示指定要修剪的对象,所以用户可指定多个对象进行修剪。在选择对象的同时按 Shift 键可将对象延伸到最近的边界,而不修剪它。

5.1.14 延伸

1. 运行方式

命令行：Extend(EX)。

功能区："常用"→"修改"→"延伸"命令。

工具栏："修改"→"延伸"按钮 ┛。

延伸、填充

延伸线段、弧、二维多段线或射线，使之与另一对象相交/相切。

2. 操作步骤

使用"延伸"命令延伸图 5-17(a)，使之成为 5-17(b)所示的图形。操作步骤如下。

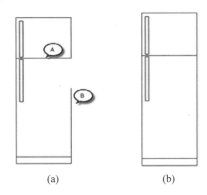

(a)　　　　(b)

图 5-17　用"延伸"命令延伸图线

命令：Extend	执行"延伸"命令
选取边界对象作延伸<回车全选>：	拾取 A 点
找到 1 个	提示找到一个对象
选取边界对象作延伸<回车全选>：	按 Enter 键确认
选择要延伸的实体，或按住 Shift 键选择要修剪的实体，或"边缘模式(E)/围栏(F)/窗交(C)/投影(P)/放弃(U)"：	拾取 B 点，指定延伸对象
找到 1 个	提示找到一个对象
选择要延伸的实体，或按住 Shift 键选择要修剪的实体，或"边缘模式(E)/围栏(F)/窗交(C)/投影(P)/放弃(U)"：	按 Enter 键结束命令

❖ "延伸"命令的选项介绍如下。

边界对象：选定对象，使之成为对象延伸的边界的边。

延伸的实体：选择要进行延伸的对象。

边缘模式(E)：若边界对象的边和要延伸的对象没有实际交点，但又要将指定对象延伸到两对象的假想交点处，可选择"边缘"模式。

围栏（F）：进入"围栏"模式，可以选取围栏点，围栏点为要延伸的对象上的开始点，延伸多个对象到一个对象。

窗交（C）：进入"窗交"模式，通过从右到左指定两个点定义选择区域内的所有对象，延伸所有的对象到边界对象。

投影（P）：选择对象延伸时的投影方式。

放弃（U）：放弃之前使用"延伸"命令对对象的延伸处理操作。

3. 注意

在选择时，用户可根据系统提示选取多个对象进行延伸。同时，还可按住 Shift 键选定对象将其修剪到最近的边界边。若要结束选择，按 Enter 键即可。

5.1.15 拉长

1. 运行方式

命令行：Lengthen(LEN)。

功能区："常用"→"修改"→"拉长"命令。

工具栏："修改"→"拉长"按钮 。

为选取的对象修改长度，为圆弧修改包含角。

2. 操作步骤

使用"拉长"命令增加图 5-18(a) 中的圆弧的长度，结果如图 5-18(b)所示。操作步骤如下。

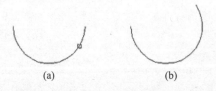

(a)   (b)

图 5-18　用"拉长"命令增加圆弧长度

命令：Lengthen	执行"拉长"命令
列出选取对象长度或"动态(DY)/递增(DE)/百分比(P)/全部(T)"：P	输入 P,选择拉长方式
输入长度百分比 <100>：130	输入拉长后的百分比
选取变化对象或"方式(M)/撤销(U)"：	选择圆弧,指定拉长对象
选取变化对象或"方式(M)/撤销(U)"：	按 Enter 键结束命令

"拉长"命令的选项介绍如下。

动态（DY）：开启"动态拖动"模式，通过拖动选取对象的一个端点来改变其长度。其他端点保持不变。

递增（DE）：以指定的长度为增量修改对象的长度，该增量从距离选择点最近的端点处开始测量。

百分比（P）：指定对象总长度或总角度的百分比来设置对象的长度或弧包含的角度。

全部（T）：指定从固定端点开始测量的总长度或总角度的绝对值来设置对象长度或弧包含的角度。

3. 注意

以增量方式拉长时，若选取的对象为弧，增量就为角度。若输入正值，则拉长扩展对象，若输入负值，则修剪缩短对象的长度或角度。

5.1.16　分解

1. 运行方式

命令行：Explode(X)。

功能区："常用"→"修改"→"分解"命令。

工具栏："修改"→"分解"按钮 ⬛ 。

将由多个对象组合而成的合成对象（如图块、多段线等）分解为独立对象。

2. 操作实例

使用"分解"命令分解矩形，令其成为 8 条直线和 2 条弧，如图 5-19 所示。操作步骤如下。

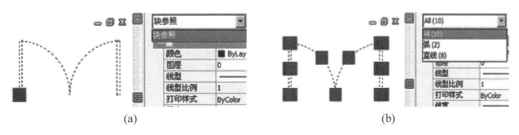

(a)	(b)

图 5-19　用"分解"命令分解图形

命令：Explode	执行"分解"命令
选择对象：	选择双开门，指定分解对象
找到 1 个	提示选择对象的数量
选择对象：	按 Enter 键结束命令

3. 注意

（1）系统可同时分解多个合成对象。并将合成对象中的多个部件全部分解为独立对象。但若使用的是脚本或运行时扩展函数，则一次只能分解一个对象。

（2）分解后，除了颜色、线型和线宽可能会发生改变，其他结果将取决于所分解的合成对象的类型。

（3）将块中的多个对象分解为独立对象，但一次只能删除一个编组级。若块中包含一个多段线或嵌套块，那么对该块的分解就首先分解为多段线或嵌套块，然后再分别分解该块中的各个对象。

5.2　编辑对象属性

对象属性包含一般属性和几何属性。对象的一般属性包括对象的颜色、线型、图层及线宽等基本特性，几何属性包括对象的尺寸和位置等视图参数。用户可以直接在"属性"窗口中设置和修改对象的这些属性。

5.2.1　使用属性窗口

"属性"窗口（图 5-20）中显示了当前选择集中对象的所有属性和属性值，当选中多个对象时，将显示它们共有的属性。用户可以修改单个对象的属性、快速选择集中对象共有的属性，以及多个选择集中对象的共同属性。

命令行：Properties。

功能区："工具"→"选项板"→"属性"命令。

工具栏："标准"→"属性"→按钮

上面三种方法都可以打开"属性"窗口来显示特性。使用它可以浏览、修改对象的特性，也可以浏览、修改满足应用程序接口标准的第三方应用程序对象。

图 5-20　"属性"窗口

5.2.2　属性修改

1．运行方式

命令行：Change。

修改选取对象的特性。

2．操作实例

用"属性修改"命令改变圆形对象的线宽。操作如图 5-21 所示。

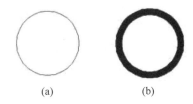

　　　　(a)　　　　　　(b)

图 5-21　用"属性修改"命令改变图形线宽

命令：Change	执行"属性修改"命令
选择对象：	选择对象,指定编辑对象
找到 1 个	提示已选中数量
选择对象：	按 Enter 键结束对象选择
指定修改点或"特性(P)"：P	输入 D,选择编辑对象特征
输入选项"颜色(C)/标高(E)/图层(LA)/线型(LT)/线型比例(S)/	
线宽(LW)/厚度(T)"：LW	输入 LW,选择线宽
新线宽＜Bylayer＞：2	指定对象线宽
输入选项"颜色(C)/标高(E)/图层(LA)/线型(LT)/线型比例(S)/线宽(LW)/厚度(T)"：	按 Enter 键结束命令

✿ "属性修改"命令的选项介绍如下。

修改点：通过指定改变点来修改选取对象的特性。

特征(P)：修改选取对象的特性。

颜色(C)：修改选取对象的颜色。

标高(E)：为对象上所有的点都具有相同 Z 坐标值的二维对象设置 Z 轴标高。

图层(LA)：为选取的对象修改所在图层。

线型(LT)：为选取的对象修改线型。

线型比例(S)：修改选取对象的线型比例因子。

线宽(LW)：为选取的对象修改线宽。

厚度(T)：修改选取的二维对象在 Z 轴上的厚度。

3．注意

选取的对象除线宽为 0 的直线外,其他对象都必须与当前 UCS 平行。若同时选择了直线和其他可变对象,由于选取对象顺序的不同,结果可能也不同。

5.3 清理及核查

5.3.1 清理

运行方式

命令行：Purge(PU)。

功能区："图标"→"图形实用工具"→"清理"命令。

工具栏："文件"→"图形实用工具"→"清理"按钮 ▨。

清除当前图形文件中未使用的已命名项目,如图块、图层、线型、文字形式,或用户所定义但不使用于图形的恢复标注样式。

5.3.2 修复

1. 运行方式

命令行：Recover。

修复损坏的图形文件。

2. 注意

"修复"命令只对 DWG 文件执行修复或核查操作,对 DXF 文件执行修复将仅打开文件。

6 辅助绘图工具与图层

绘图参数设置是进行绘图之前的必要准备工作。它可指定绘制图纸的尺寸,指定绘图采用的单位、颜色、线宽等;中望 CAD 的辅助绘图工具包括对象捕捉、对象追踪、极轴、栅格、正交等,通过设置绘图工具参数可以精确、快速地进行图形定位。

利用精确绘图工具可以进行图形处理和数据分析,数据结果的精度能够达到工程应用所需的程度,减少工作量,提高设计效率。

图层是指将复杂的一个图形分解成简单的几个部分分别进行绘制,便于用户有条不紊、快速准确地进行绘制和管理大型复杂的工程图纸。

6.1 栅格

栅格由一组规则的行列点组成,虽然栅格在屏幕上可见,但它既不会打印到图形文件上,也不会影响绘图位置。栅格只在绘图范围内显示,帮助辨别图形边界,安排对象以及对象之间的距离。可以按需要打开或关闭栅格,也可以随时改变栅格点的间距尺寸。

6.2 "栅格"命令

"栅格"命令可按用户指定的 X、Y 方向间距在绘图界限内显示一个栅格点阵。栅格显示模式的设置可让用户在绘图时有一个直观的定位参照。当栅格点阵的间距与光标捕捉点阵的间距相同时,栅格点阵可以形象地反映出光标捕捉点阵的形状,以及同时直观地反映出绘图界限。

1. 运行方式

命令行:Grid。

在当前视口显示小圆点状的栅格,作为视觉参考点。

2. 操作步骤

中望 CAD 可以通过执行"栅格"命令来设定栅格间距,并打开栅格显示,结果如图 6-1 所示,其操作步骤如下。

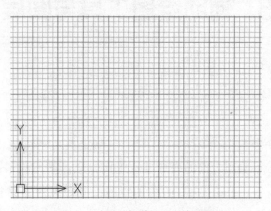

图 6-1　打开"栅格"显示的结果

命令: Grid	执行"栅格"命令
栅格打开:[关闭(OFF)捕捉(S)/特征(A)] <栅格间距(x 和 y = 10)>: A	输入 A,设置间距
水平间距 <10>:10	设置水平间距
竖直间距 <10>:10	设置垂直间距
命令: Grid	再执行"栅格"命令
栅格关闭:[打开(ON)/捕捉(S)/特征(A)] <栅格间距(x 和 y = 10)>:S	输入 S,设置栅格间距与捕捉间距相同

⚙ "栅格"命令的选项介绍如下。

关闭(OFF):选择该项后,系统将关闭栅格,屏幕上不显示栅格。

打开(ON):选择该项后,系统将打开栅格,屏幕上显示栅格。

捕捉(S):设置栅格间距与捕捉间距相同。

特征(A):设置栅格 X 方向间距和 Y 方向间距,一般用于设置不规则的间距。

栅格间距的设置可通过执行"进入'草图设置'对话框"命令(Dsettings)在草图设置中设置,也可以在状态栏上的"栅格"或"捕捉"按钮上右击,或在弹出快捷菜单中选择"设置"选项,都会弹出"草图设置"对话框,如图 6-2 所示。

水平间距:指定 X 方向栅格点的间距。

竖直间距:指定 Y 方向栅格点的间距。

3. 注意

(1) 在任何时间切换栅格的打开或关闭,可双击状态栏中的"栅格"按钮,或单击"设置"工具条的"栅格"工具,或按 F7 键。

(2) 栅格就像是坐标纸,可以大大提高用户的作图效率。

图 6-2　"草图设置"对话框

（3）栅格中的点只是作为一个定位参考点被显示，它不是图形实体，改变点的形状、大小设置对栅格点不会起作用，它不能用编辑实体的命令进行编辑，也不会随图形输出。

6.3　正交

正交就是指两个对象互相垂直相交。打开正交绘图模式后，可以通过限制光标只在水平或垂直轴上移动，来达到直角或正交模式下的绘图目的。

1. 运行方式

命令行：Ortho。

直接按 F8 键，F8 键是正交开启和关闭的切换键。

例如，在缺省 0°方向时（0°为"3 点位置"或"东"向），打开正交模式操作，线的绘制将严格地限制为 0°、90°、180°或 270°，在画线时，生成的线是水平还是垂直取决于哪根轴离光标远。当激活等轴测捕捉和栅格时，光标移动将在当前等轴测平面上等价地进行。

2. 操作步骤

打开正交绘图模式的操作步骤如下。

命令：Ortho	执行"正交"命令
Orthomode 已经关闭：［打开(ON)/切换(T)］<关闭>：ON	打开正交绘图模式

⚙ "正交"命令的选项介绍如下。

打开(ON)：打开正交绘图模式。

切换(T)：切换正交绘图模式。

在设置了栅格捕捉和栅格显示的绘图区后，用正交绘图模式绘制如图 6-3 所示的图形（500×250）。该图形与 X 轴方向呈 45°夹角。其操作步骤如下。

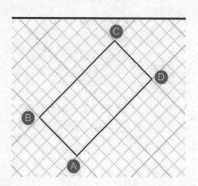

图 6-3　用"正交"命令绘图模式绘制结果

命令：Ortho	执行"正交"命令
Orthomode 已经关闭： [打开(ON)/切换(T)] <关闭>: ON	打开正交绘图模式
命令：Snap	执行"捕捉"命令
指定捕捉间距(X = 10 和 Y = 10) 或 [关闭(OFF)/旋转(R)/样式(S)/类型(T)/纵横向间距(A)]：50	将捕捉间距改为50
命令：Snap	再执行"捕捉"命令
指定捕捉间距(X = 50 和 Y = 50) 或 [关闭(OFF)/旋转(R)/样式(S)/类型(T)/纵横向间距(A)]：R	输入R改变角度
指定捕捉栅格基点<0,0>:	直接按 Enter 键
指定旋转角度 <0>:45	输入旋转角度为45°
命令：Line	执行"画线"命令
指定第一个点：	拾取 A 点，指定线段的起点
指定下一点或 [角度(A)/长度(L)/放弃(U)]：	在－45°方向距 A 点 5 个单位间距处拾取 B 点
指定下一点或 [角度(A)/长度(L)/放弃(U)]：	在45°方向上距 B 点 10 个单位间距处拾取 C 点
指定下一点或 [角度(A)/长度(L)/闭合(C)/放弃(U)]：	同理拾取 D 点
指定下一点或 [角度(A)/长度(L)/闭合(C)/放弃(U)]:C	输入 C 闭合图形

3. 注意

（1）任意时候切换正交绘图，可单击状态栏的"正交"按钮，或按 F8 键。

（2）中望 CAD 在从命令行输入坐标值或使用对象捕捉时将忽略正交绘图。

（3）正交(Ortho)方式与捕捉(Snap)方式相似，它只能限制鼠标拾取点的方位，而不能控制由键盘输入坐标确定的点位。

（4）"捕捉"(Snap)命令中的"旋转"选项的设置对正交方向同样起作用。例如,将光标捕捉旋转 30°,打开正交绘图模式后,正交方向也旋转 30°,系统将限制鼠标在相对于前一拾取点是呈 30°还是呈 120°的方向上拾取点。该设置对于具有一定倾斜角度的正交对象的绘制非常有用。

（5）当栅格捕捉设置了旋转角度后,无论栅格捕捉、栅格显示、正交方式是否打开,十字光标都将按旋转了的角度显示。

6.4 对象捕捉

对象捕捉用于绘图时指定已绘制对象的几何特征点,利用对象捕捉功能可以快速捕捉各种特征点。

6.4.1 "对象捕捉"工具栏

在中望 CAD 中打开"对象捕捉"工具栏,里面包含了多种目标捕捉工具,如图 6-4 所示。

图 6-4 "对象捕捉"工具栏

"对象捕捉"工具是临时运行捕捉模式,它只能执行一次。在绘图过程中,可以在命令栏输入捕捉方式的英文简写,然后根据系统提示进行相应操作即可准确捕捉到相关的特征点。也可以在操作过程中,右击在快捷菜单中选择对象捕捉点,"对象捕捉"工具栏中的各按钮的含义及功能如表 6-1 所示。

表 6-1 "对象捕捉"工具栏中的按钮类型及其功能

按 钮	类 型	简 写	功 能
	临时追踪点	TK	启用后,指定一个临时追踪点,其上将出现一个小的加号（＋）。移动光标时,将相对于这个临时点显示自动追踪对齐路径,用户在路径上以相对于临时追踪点的相对坐标取点。在命令行输入 TT 也可捕捉临时追踪点
	捕捉自	From	建立一个临时参照点作为偏移后续点的基点,输入自该基点的偏移位置作为相对坐标,或使用直接距离输入。也可在命令中途用 From 调用
	捕捉到端点	End	利用端点捕捉工具可捕捉其他对象的端点,这些对象可以是圆弧、直线、复合线、射线、平面或三维面,若对象有厚度,端点捕捉也可捕捉对象边界的端点

续表

按　　钮	类　　型	简　写	功　　能
	捕捉到中点	Mid	利用中点捕捉工具可捕捉另一对象的中间点,这些对象可以是圆弧、线段、复合线、平面或辅助线(infinite line),当为辅助线时,中点捕捉第一个定义点,若对象有厚度也可捕捉对象边界的中间点
	捕捉到交点	Int	利用交点捕捉工具可以捕捉三维空间中任意相交对象的实际交点,这些对象可以是圆弧、圆、直线、复合线、射线或辅助线,如果靶框只到一个对象,程序会要求选取有交点的另一个对象,利用它也可以捕捉三维对象的顶点或有厚度对象的角点
	捕捉到外观交点	App	平面视图交点捕捉工具可以捕捉当前 UCS 下两对象投射到平面视图时的交点,此时对象的 Z 坐标可忽略,交点将用当前标高作为 Z 坐标,当只选取到一对象时,程序会要求选取有平面视图交点的另一对象
	捕捉到延长线	Ext	当光标经过对象的端点时,显示临时延长线,以便用户使用延长线上的点绘制对象
	捕捉到圆心	Cen	利用圆心点捕捉工具可捕捉一些对象的圆心点,这些对象包括圆、圆弧、多维面、椭圆、椭圆弧等,捕捉中心点必须选择对象的可见部分
	捕捉到几何中心	Gcen	利用几何中心捕捉工具可以捕捉圆或弧线的圆心和封闭图形的几何中心,当捕捉封闭多段线圆弧段圆心时几何中心会对圆心捕捉产生干扰,有些状态下会优先捕捉到多段线的几何中心
	捕捉到象限点	Qua	利用象限捕捉工具,可捕捉圆、圆弧、椭圆、椭圆弧的最近四分圆点
	捕捉到切点	Tan	利用切点捕捉工具可捕捉对象切点,这些对象为圆或圆弧,当和前点相连时,形成对象的切线
	捕捉到垂足	Per	利用垂直点捕捉工具可捕捉到圆弧、圆、椭圆、椭圆弧、直线、多线、多段线、射线、面域、实体、样条曲线或参照线的垂足
	捕捉到平行线	Par	在指定矢量的第一个点后,如果将光标移动到另一个对象的直线段上,即可获得第二点。当所创建对象的路径平行于该直线段时,将显示一条对齐路径,可以用它来创建平行对象
	捕捉到插入点	Ins	利用插入点捕捉工具可捕捉外部引用、图块、文字的插入点
	捕捉到节点	Nod	设置点捕捉,利用该工具捕捉点

续表

按　　钮	类　　型	简　　写	功　　能
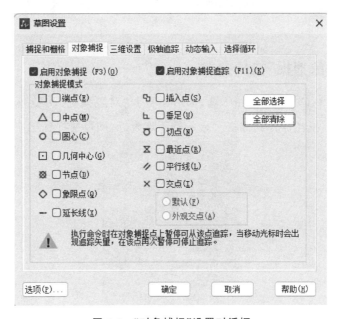（捕捉到最近点图标）	捕捉到最近点	Nea	捕捉到圆弧、圆、椭圆、椭圆弧、直线、多线、点、多段线、射线、样条曲线或参照线的最近
（无捕捉图标）	无捕捉		选择无捕捉，可关掉对象捕捉，而无论该对象捕捉是通过菜单、命令行、工具条还是"草图设置"对话框设定的

6.4.2　自动对象捕捉功能

在绘图的过程中，使用对象捕捉的频率非常高，因此中望CAD还提供了一种自动对象捕捉模式。当光标放在某个对象上时，系统自动捕捉到对象上所有符合条件的几何特征点。

根据需要事先设置好对象的捕捉方式，右击状态栏上的"对象捕捉"按钮，弹出快捷菜单，选择"设置"选项，在草图设置中设置，或者执行"极轴追踪"（Dsettings）命令也会弹出"草图设置"对话框，选择对象捕捉，勾选需要捕捉的几何特征点，如图6-5所示。

图 6-5　"对象捕捉"设置对话框

1. 运行方式

命令行：Osnap（OS）。

2. 操作步骤

用中点捕捉方式绘制矩形各边中点的连线，如图6-6所示，其具体命令及操作如下。

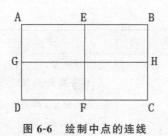

图 6-6　绘制中点的连线

命令: Rectangle(或 Rec)　　　　　　　　　　启动"矩形"命令
指定第一个角点或 [倒角(C)/标高(E)/圆角(F)/正方形(S)/厚度(T)/宽度(W)]:　指定 A 点为第一点
指定其他的角点或 [面积(A)/尺寸(D)/旋转(R)]:　　指定 C 点绘制一个矩形
命令: Osnap　　　　　　　　　　　　　　　　打开"对象设置"对话框,打开中点捕捉
命令:Line　　　　　　　　　　　　　　　　　启动"直线"命令
指定第一个点:　　　　　　　　　　　　　　捕捉矩形 AB 边的中点 E
指定下一点或 [角度(A)/长度(L)/放弃(U)]:　　捕捉矩形 DC 边的中点 F
指定下一点或 [角度(A)/长度(L)/放弃(U)]:　　按 Enter 键结束命令
命令:Line　　　　　　　　　　　　　　　　再次启动"直线"命令
指定第一个点:　　　　　　　　　　　　　　捕捉矩形 AD 边的中点 G
指定下一点或 [角度(A)/长度(L)/放弃(U)]:　　捕捉矩形 BC 边的中点 H
指定下一点或 [角度(A)/长度(L)/放弃(U)]:　　按 Enter 键结束命令

6.4.3　"对象捕捉"快捷方式

绘图时可以按下 Ctrl 键或 Shift 键,加右击打开"对象捕捉"快捷菜单,如图 6-7 所示。选择需要的捕捉点,把光标移到捕捉对象的特征点附近,即可捕捉到相应的特征点。

图 6-7　"对象捕捉"快捷菜单

注意

（1）绘图时可以单击状态栏的"对象捕捉"按钮，或按 F3 键打开和关闭对象捕捉功能。

（2）程序在执行对象捕捉时，只能识别可见对象或对象的可见部分，所以不能捕捉关闭图层的对象或虚线的空白部分。

6.5 靶框的设置

当定义了一个或多个对象捕捉时，十字光标将出现一个捕捉。另外，在十字光标附近会有一个图标表明激活对象捕捉类型。当选择对象时，程序自动捕捉距离靶框中心最近的特征点。下面介绍捕捉标记和靶框的大小设置的方法。

运行方式

命令行：Options(OP)。

通过执行"选项"命令，弹出"选项"对话框，在"草图"选项卡中可以改变靶框大小、显示状态等，也可以设置自动捕捉标记大小、颜色等，如图 6-8 所示。

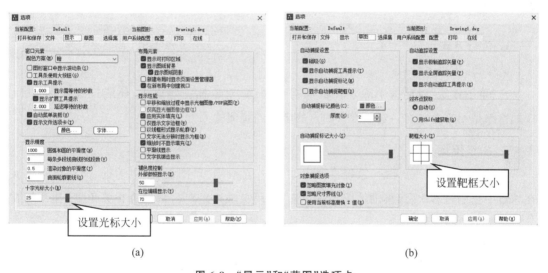

(a)   (b)

图 6-8 "显示"和"草图"选项卡

系统默认的自动捕捉标记是红色，如图 6-8(b)所示，无论是用黑色，还是白色的背景绘图区，红色的反差大，都可以很清晰地看到捕捉小方框。如果想换成其他颜色，可以单击"自动捕捉标记颜色"旁的"颜色"项，在弹出的对话框中选择想要的颜色，如图 6-9 所示。

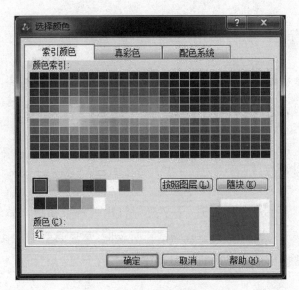

图 6-9　改变捕捉标记的颜色

6.6　极轴追踪

1. 运行方式

命令行：Dsettings。

在"草图设置"对话框中除了提供捕捉和栅格、对象捕捉等设置，还能设置极轴追踪。极轴追踪是用来追踪在一定角度上的点的坐标的智能输入方法。

2. 操作步骤

执行"极轴追踪"命令后，系统将弹出如图 6-10 所示"草图设置"对话框，草图设置其实在本章中已用过多次，用极轴追踪要先勾选"启用极轴追踪"项，再设置相关角度，让系统在一定角度上进行追踪。

要追踪更多的角度，可以设置增量角，所有 0°和增量角的整数倍数角度都会被追踪到，还可以设置附加角以追踪单独的极轴角。把极轴追踪增量角设置成 30°，勾选附加角，添加45°，如图 6-11 所示。

启用极轴追踪功能后，当中望 CAD 提示确定点位置时，拖动鼠标，使鼠标接近预先设定的方向（即极轴追踪方向），中望 CAD 自动将橡皮筋线吸附到该方向，同时沿该方向显示出极轴追踪的矢量，并浮出一个小标签，标签中说明当前鼠标位置相对于前一点的极坐标，所有 0°和增量角的整倍数角度都会被追踪到，如图 6-12 所示。

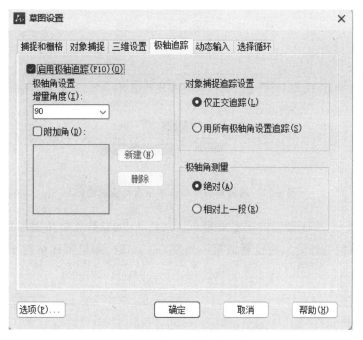

图 6-10　极轴追踪的设置

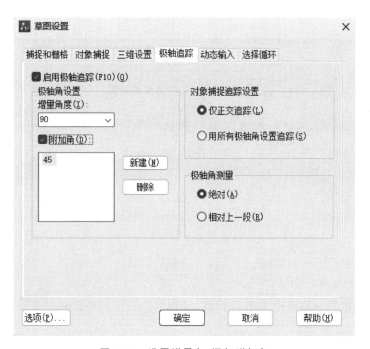

图 6-11　设置增量角,添加附加角

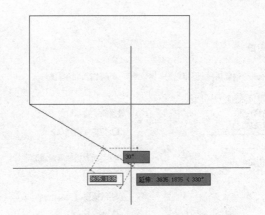

图 6-12　增量角的整数倍数角度都会被追踪到

如图 6-12 所示,由于设置的增量角为 30°,凡是 30°的整数倍数角度都会被追踪到,追踪到 330°。当把极轴追踪附加角设置成某一角度,如 45°时,如果鼠标接近 45°方向就被追踪到,如图 6-13 所示。

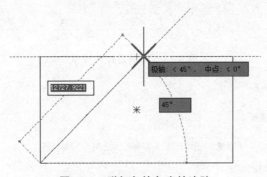

图 6-13　附加角的角度被追踪

需要注意的是,附加角只是追踪单独的极轴角,因此在 135°等处,是不会出现追踪的。

6.7　线型

1. 运行方式

命令行:Linetype。

图形中的每个对象都具有其线型特性。"线型"命令可对对象的线型特性进行设置和管理。

线型是由沿图线显示的线、点和间隔组成的图样,用户可以使用不同线型代表特定信息。例如:正在画一个建筑工地平面图,可利用一个连续线型画路,或使用含横线与点的界定线型画所有物线条。

每一个图纸皆预设至少有 3 种线型：Continuous、ByLayer 和 ByBlock。这些线型不可以重新命名或删除，图纸可能也含无限个额外的线型。也可以从一个线型库文件加载更多的线型，或新建并储存用户自定义的线型。

2. 设置当前线型

通常情况下所创建的对象采用的是当前图层中的 Bylayer 线型。也可以对每一个对象分配自己的线型，这种分配可以覆盖原有图层线型设置。另一种做法是将 Byblock 线型分配给对象，借此可以使用此种线型直到将这些对象组成一个图块。当对象插入时对象继承当前线型设置。设置当前线型的操作步骤如下。

（1）执行"线型"命令，弹出如图 6-14 所示"线型管理器"对话框。这时可以选择一种线型做当前线型。

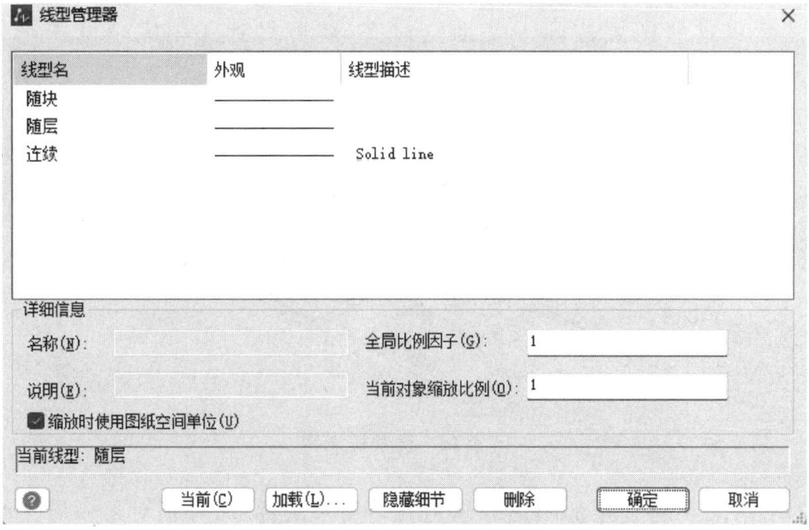

图 6-14　"线型管理器"对话框

（2）当要选择另外的线型时，单击"加载"按钮，弹出如图 6-15 所示线型列表。

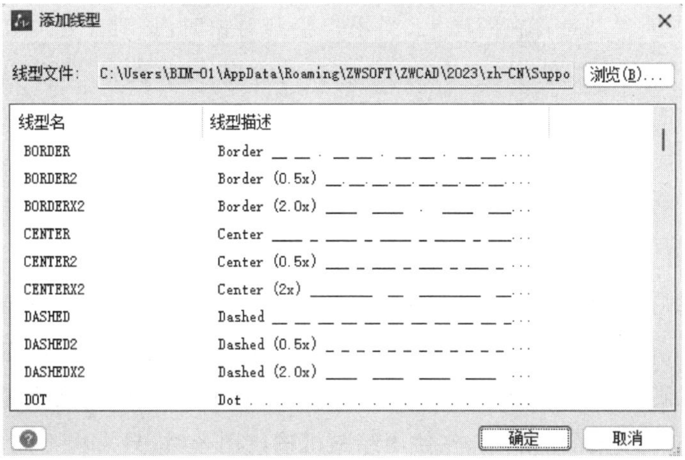

图 6-15　线型列表框

（3）选择相应的线型。

（4）结束命令返回图形文件。

3. 注意

要设置当前层的线型，可以选择线型列表框中的线型，或者双击线型名称。

图层、复制、
文字

6.8 图层

6.8.1 图层的概念

用户可以将图层想象成一叠没有厚度的透明纸，将具有不同特性的对象分别置于不同的图层，然后将这些图层按同一基准点对齐，就可得到一幅完整的图形，如图 6-16 所示。

图 6-16　图层概念图

通过图层作图，可将复杂的图形分解为几个简单的部分，分别对每一层上的对象进行绘制、修改、编辑，再将它们叠合在一起，这样复杂的图形绘制起来就变得简单、清晰、容易管理。一般情况下使用中望 CAD 绘图，图形总是绘在某一图层上；这个图层可能是由系统生成的默认图层，也可能是由用户自己创建的图层。

中望 CAD 的对象都是存在图层上，当用户绘制对象时，该对象建立在当前的图层上。用户可以将有联系的对象放到同一图层上，以方便管理，如将图形、文字、标注分放到不同的图层中。

每个图层均具有线型、颜色和状态等属性。当对象的颜色、线型都设置为 Bylayer 时，对象的属性就由图层的特性来控制。这样，既可以在保存对象时减少实体数据，节省存储空间，也便于绘图、显示和图形输出的控制。

例如，在绘制工程图形时，可以创建一个中心线图层，将中心线特有的颜色、线型等特性赋予这个图层。每当需要绘制中心线时，用户只需切换到中心线图层上，而不必在每次画中心线时都必须为中心线对象设置中心线的线型、颜色。这样，不同类型的中心线、粗实线、细实线分别放在不同的图层上，在使用绘图机输出图形时，只需将不同图层的对象定义给不同的绘图笔,不同类型的对象输出变得十分方便。如果不想显示或输出某一图层,可以关闭这一图层。

6.8.2　图层特性管理器

在中望CAD中,系统对图层数虽没有限制,对每一图层上的对象数量也没有任何限制,但每一图层都应有唯一的名字。当开始绘制一幅新图时,中望CAD自动生成层名为0的默认图层,并将这个默认图层设置为当前图层。0图层既不能被删除也不能被重命名。除了层名为0的默认图层,其他图层都是由用户根据自己的需要创建并命名的。用户可以打开图层特性管理器来创建图层。

1. 运行方式

命令行:Layer(LA)。

功能区:"常用"→"图层"→"图层特性管理器"命令。

工具栏:"图层"→"图层特性管理器"按钮 。

在图层特性管理器中可为图形创建新图层,设置图层的线型、颜色和状态等特性。虽然一幅图可有多个图层,但用户只能在当前图层上绘图。

(1) 图层状态。

执行图层特性管理器命令后,系统将弹出如图6-17所示对话框,其中的几个功能图标的介绍,具体见表6-2。

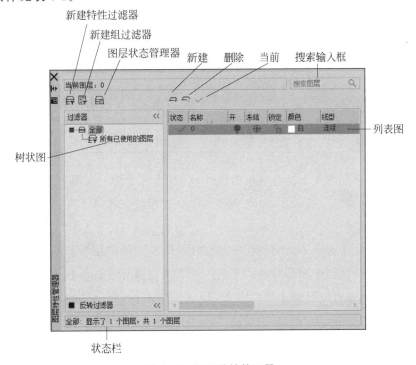

图 6-17　图层特性管理器

表 6-2　图层功能按钮及其功能

按　钮	项　目	功　能
	新建	该按钮用于创建新图层。单击该按钮,在图层列表中将出现一个名为"图层1"的新图层。图层创建后可在任何时候更改图层的名称(0层和外部参照依赖图层除外)。 选取某一图层,再单击该图层名,图层名被执行为输入状态后,用户输入新层名,再按 Enter 键即可
	当前	该按钮用于设置当前图层。虽然一幅图中可以定义多个图层,但绘图只能在当前图层上进行。如果用户要在某一图层上绘图,必须将该图层设置为当前图层。 选中该层后,单击该按钮即可将它设置为当前图层;双击图层显示框中的某一图层名称也可将该图层设置为当前图层;在图层显示窗口中右击,在弹出的快捷菜单中选取"置为当前"选项,也可置此图层为当前图层
/	关闭/打开	被关闭图层上的对象不能显示或输出,但可随图形重新生成。在关闭某一图层后,该图层上绘制的对象就会消失,而当再开启该图层时,其上的对象就又可显示出来。例如,绘制一个楼层平面时,可以将灯具配置画在一个图层上,而配管线位置画在另一图层上。选取图层打开或关闭,可以从同一图形文件中打印出电工图与管路图
/	冻结/解冻	画在冻结图层上的对象,不会显示出来,不能打印,也不能重新生成。冻结一图层时,其对象并不影响其他对象的显示或打印。用户不可以在一个冻结的图层上画图,直到解冻后才可以画图,不可将一冻结的图层设为当前使用的图层,也不可以冻结当前的图层,若要冻结当前的图层,需要先将别的图层置为当前层
/	锁定/解锁	锁定或解锁图层。锁定图层上的对象是不可编辑的,但图层若是打开的并处于解冻状态,则锁定图层上的对象是可见的。可以将锁定图层置为当前图层并在此图层上创建新对象,但不能对新建的对象进行编辑。在图层列表框中单击某一图层锁定项下的"是"或"否",可将该层锁定或解锁

　　关闭和冻结的区别仅在于运行速度的快慢,后者比前者快。当用户不需要观察其他图层上的图形时,可利用"冻结"选项,以增加 Zoom、Pan 等命令的运行速度。

　　(2) 设置图层颜色。

　　不同的颜色可用来表示不同的组件、功能和区域,在图形绘制中具有非常重要的作用。图层的颜色实际上是图层中图形对象的颜色。每个图层都有自己的颜色,对不同的图层可以设置相同的颜色,也可以设置不同的颜色,绘制复杂图形时就可以很容易区分图形的各部分。

　　新建图层后,要改变图层的颜色,可在"图层特性管理器"对话框中单击图层的"颜色"列对应的图标,打开"选择颜色"对话框,在此可以选择所需的颜色,如图 6-18 所示。

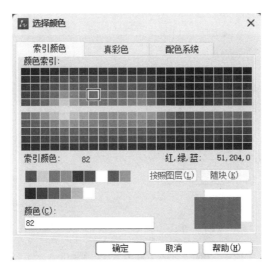

图 6-18　"选择颜色"对话框

（3）设置图层线宽和线型。

在"图层特性管理器"对话框中还可以设置线宽和线型，单击图层的"线型"相对应的项，在弹出的"线型管理器"对话框中选择所需的线型，也可以单击"加载"按钮，加载更多线型，如图 6-19 所示。

图 6-19　"线型管理器"对话框

单击图层的"线宽"相对应的项，还可以修改线宽，在弹出的"线宽"对话框中，选择所需要的线宽宽度，如图 6-20 所示。

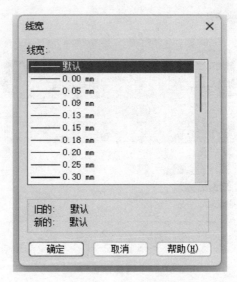

图 6-20 "线宽"对话框

2. 操作步骤

新建两个图层,进行相应的图层设置,分别命名为"中心线"和"轮廓线",用于绘制中心线和轮廓线。

根据中心线和轮廓线的特点,可将中心线设置为红色、Center 线型,将轮廓线设置为蓝色,Continuous 线型。

其具体命令及操作如下。

(1) 单击"常用"→"图层"→"图层特性"按钮,弹出"图层特性管理器"对话框。

(2) 单击"新建"按钮,在"名称"中输入"中心线"。

(3) 单击新建图层的"颜色"项,在打开的"选择颜色"对话框中选择"红色",然后单击"确定"按钮。

(4) 再单击该图层的"线型"项,在打开的"选择线型"对话框中选择 Center 线型,单击"确定"按钮。

(5) 回到"图层特性管理器"对话框,再次单击"新建"按钮,创建另一图层。

(6) 在"名称"中输入"轮廓线"。

(7) 单击该图层的"颜色"项,在打开的"选择颜色"对话框中选择"蓝色",然后单击"确定"按钮。

(8) 单击"确定"按钮。

由于系统默认线型为 Continuous,而"轮廓线"这一层也是采用 Continuous 线型,所以设置线型的步骤可省略,设置效果如图 6-21 所示。

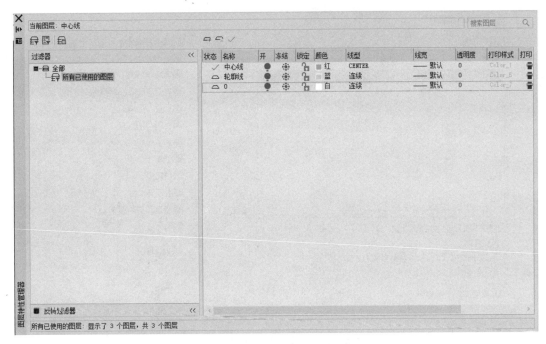

图 6-21　"图层"对话框

3. 注意

（1）用户可用前面所讲的颜色、线型等命令为对象实体定义与其所在图层不同的特性值，这些特性相对于 Bylayer、Byblock 特性来说是固定不变的，它不会随图层特性的改变而改变。对象的 Byblock 特性将在图块中介绍。

（2）当所绘制的图形较混杂，且多重叠交叉时，则可将妨碍绘图的一些图层冻结或关闭。如果不想输出某些图层上的图形，也可冻结或关闭这些图层，使其在屏幕上不可见；冻结图层和外部参照依赖图层不能被置为当前图层。

（3）如果在创建新图层时，图层显示窗口中存在一个选定图层，则新建图层将沿用选定图层的特性。

（4）线宽的设置有如下要求：图纸是否美观、清晰，其中重要的因素之一就是层次是否分明。一张图里，有 0.13 的细线，0.25 的中等宽度线，0.35 的粗线，可以使打印出来的图纸，根据线的粗细来区分不同类型的对象，如墙、门窗、标注等。

6.8.3　图层状态管理器

通过图层管理，可以保存、恢复图层状态信息，以及修改、恢复或重命名图层状态，如图 6-22 所示。

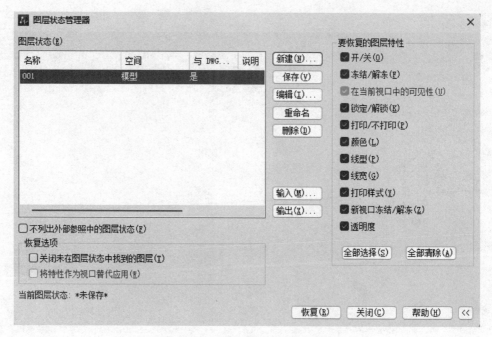

图 6-22 "图层状态管理器"对话框

命令行：Layerstate。

功能区："常用"→"图层"→"图层状态管理器"命令。

工具栏："图层"→"图层状态管理器"按钮 。

"图层状态管理器"对话框中的按钮及选项介绍如下。

新建：打开如图 6-23 所示的"要保存的新图层状态"对话框，创建图层状态的名称和说明。

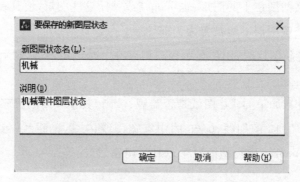

图 6-23 "要保存的新图层状态"对话框

保存：保存某个图层状态。

编辑：编辑某个状态中的图层的设置。

重命名：重命名某个图层状态和修改说明。

删除：删除某个图层状态。

输入：将先前输出的图层状态文件(＊.las)加载到当前图形。也可输入 DWG 文件中的图层状态。输入图层状态文件可能导致创建其他图层，但不会创建线型。

输出：以＊.las 形式保存某图层状态的设置，如图 6-24 所示。

图 6-24 "输出图层状态"对话框

恢复：恢复保存的某个图层状态。

还可以在"要恢复的图层特性"面板中修改已保存图层状态的其他选项。如果没有看到这一部分，可单击对话框右下角的"更多恢复选项"箭头按钮。

6.8.4 图层相关的其他命令

在 Ribbon 界面的"常用"选项卡"图层"面板(图 6-25)中，中望 CAD 还提供了一系列的与图层相关的功能，以方便用户使用。

图 6-25 "图层"面板

这里面的图层特性管理器和图层状态管理器的功能在上文已介绍过,此处就不再重复介绍,其他命令的功能介绍见表 6-3。

表 6-3　图层面板命令及其功能

按　　钮	命　　令	命　令　行	功　　能
	图层隔离	Layiso	关闭其他所有图层,使一个或多个选定的对象所在的图层与其他图层隔离
	取消图层隔离	Layuniso	打开使用 Layiso 命令隔离的图层
	关闭对象图层	Layoff	关闭选定对象所在的图层
	冻结对象图层	Layfrz	冻结选定对象所在的图层,并使其不可见,不能重生成,也不能打印
	图层锁定	Laylck	执行该命令可锁定图层
	图层解锁	Layulk	将选定对象所在的图层解锁
	打开所有图层	Layon	打开全部关闭的图层
	解冻所有图层	Laythw	解冻全部被冻结的图层
	图层浏览器	Laybrowse	浏览图形中所包含的图层信息,动态显示选中的图层中的对象
	图层状态管理器	Laywalk	通过图层管理,用户可以保存、恢复图层状态信息,同时还可以修改、恢复或重命名图层状态 保存在当前图形文件中的图层状态,可以输出到 LAS 文件中,也可以从 LAS 文件中输入已保存的图层状态
	将对象的图层设为当前	Laymcur	将选定对象所在图层设置为当前图层
	移至当前图层	Laycur	将一个或多个图层的对象移至当前图层
	改层复制	Copytolayer	将一个或多个对象复制到另一个图层
	图层合并	Laymrg	将选定对象所在图层上的所有对象合并到目标图层中,并将选定对象所在图层从图形中删除
	图层匹配	Laymch	把源对象上的图层特性复制给目标对象,以改变目标对象的特性

用户除了可以单击按钮启动这些命令,还可以在命令栏输入命令的英文,执行相应的命令。

6.9　查询

6.9.1　查距离与角度

1. 运行方式

命令行:Dist。

工具栏:"查询"→"距离"按钮 ▨ 。

"距离"命令可以计算任意选定两点间的距离,得到如下信息。

(1) 以当前绘图单位表示的点间距。

(2) 在 XY 平面上的角度。

(3) 与 XY 平面的夹角。

(4) 两点间在 X、Y、Z 轴上的增量 ΔX、ΔY、ΔZ。

2. 操作步骤

执行"距离"命令后,系统提示如下。

距离起始点:指定所测线段的起始点。

终点:指定所测线段的终点。

用"距离"命令查询图 6-26 中 BC 两点间的距离及夹角 D。

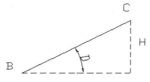

图 6-26　用"距离"命令查询

命令: Dist	执行"距离"命令
指定第一个点:	捕捉起始点 B
指定第二个点或 [多个点(M)]:	捕捉终点 C,按 Enter 键
距离等于 = 150,XY 面上角 = 30,与 XY 面夹角 = 0	结果:BC 两点间的距离为 150,夹角 D 为 30°
X 增量 = 129.9038,Y 增量 = 75,Z 增量 = 0.0000	H 为 75

3. 注意

选择特定点,最好使用对象捕捉来精确定位。

6.9.2　查面积

1. 运行方式

命令行：Area。

工具栏："查询"→"面积"按钮 。

"面积"命令可以测量：

(1) 用一系列点定义的一个封闭图形的面积和周长。

(2) 用圆、封闭样条线、正多边形、椭圆或封闭多段线所定义的一个面积和周长。

(3) 由多个图形组成的复合面积。

2. 操作步骤

用"面积"命令测量带一个孔的矩形垫片的面积，如图 6-27 所示。

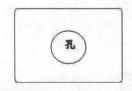

图 6-27　用"面积"命令测量带孔的矩形面积

命令：Area	执行"面积"命令
指定第一点或 [对象(O)/添加(A)/减去(S)]<对象(O)>：A	输入 A,选择添加
指定第一点或 [对象(O)/减去(S)]:O	输入 O,选择对象模式
选取添加面积的对象：	选取对象"矩形"
面积(A) = 15858.0687, 周长(P) = 501.3463	系统显示矩形的面积
总面积(T) = 15858.0687	
选取添加面积的对象：	按 Enter 键结束添加模式
指定第一个点或 [对象(O)/减去(S)]: S	输入 S,选择减去
指定第一个点或 [对象(O)/添加(A)]: O	输入 O,选择对象模式
选取减去面积的对象：	选取对象"圆孔"
面积(A) = 1827.4450,圆周(C) = 151.5399 显示测量结果总面积(T) = 14030.6237	
选取减去面积的对象：	按 Enter 键结束命令

"面积"命令的选项介绍如下。

对象(O)：为选定的对象计算面积和周长,可被选取的对象有圆、椭圆、封闭多段线、多边形、实体和平面。

添加(A)：计算多个对象或选定区域的周长和面积总和,同时也可计算出单个对象或选定区域的周长和面积。

减去(S)：与"添加"类似,但是减去选取的区域或对象的面积和周长。

<第一点>：可以对由多个点定义的封闭区域的面积和周长进行计算。程序依靠连接每个点所构成的虚拟多边形围成的空间来计算面积和周长。

3. 注意

选择点时,可在已有图形上使用对象捕捉方式。

6.9.3　查图形信息

1. 运行方式

命令行：List(li)。

工具栏："查询"→"列表"按钮▤。

"列表"命令可以列出选取对象的相关特性,包括对象类型,所在图层,当前 UCS 的 X、Y、Z 位置等。信息显示的内容,视所选对象的种类而定,上述信息会显示于"中望 CAD 文本窗口"与命令行中。

2. 操作步骤

执行"列表"命令后,系统提示如下。

```
命令：List                                执行"列表"命令
列出选取对象：找到 1 个                    选择对象
列出选取对象：                            系统列出对象相关的特征圆
------------------------------ CIRCLE ------------------------------
                句柄：   283
              当前空间：   模型空间
                层：    0
              中间点：   X = 190.5334    Y = 634.8834    Z = 0.0000
               半径：   29.8558
               圆周：   187.5896
               面积：   2800.3194
```

6.10　填充、面域与图像

6.10.1　创建图案填充

在进行图案填充时,使用对话框的方式进行操作,非常直观和方便。

1. 运行方式

命令行：Bhatch/Hatch(H)。

功能区："常用"→"绘制"→"图案填充"命令。

工具栏："绘图"→"图案填充"按钮▨。

图案填充命令可以在指定的填充边界内填充一定样式的图案。图案填充命令以对话框设置填充方式,包括填充图案的样式、比例、角度、填充边界等。

2. 操作步骤

用"图案"填充命令将图 6-28(a)填充成图 6-28(b)的效果,操作步骤如下。

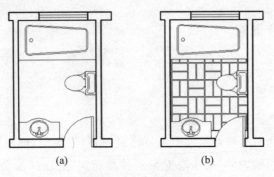

| (a) | (b) |

图 6-28　填充界面

（1）执行图案填充命令,系统弹出"填充"对话框,包括"图案填充"和"渐变色"选项卡,如图 6-29 所示。

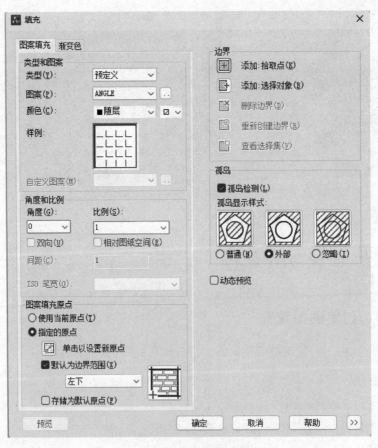

图 6-29　"图案填充"界面

（2）在"图案填充"选项卡的"类型和图案"区里，"类型"选择"预定义"，然后在"图案"选项中选择一种需要的图案。

（3）在"角度和比例"区中，把"角度"设为 0，"比例"设为 1。

（4）勾选"动态预览"复选框，可以实时预览填充效果。

（5）在"边界"选项中，单击"添加：拾取点"按钮后，在要填充的卫生间内单击一点来选择填充区域，预览填充结果如图 6-30 所示。

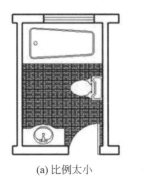 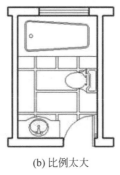 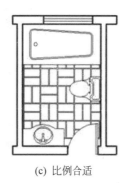

(a) 比例太小　　　　　　　　(b) 比例太大　　　　　　　　(c) 比例合适

图 6-30　预览填充结果

（6）在图 6-30 中，比例为 1 时出现图 6-30（a）情况，说明比例太小；重新设定比例为 10，出现图 6-30（b）情况，说明比例太大；不断重复地改变比例，当比例为 3 时，出现图 6-30（c）情况，说明此比例合适。

（7）对效果满意后单击"确定"按钮执行填充，卫生间就会填充如图 6-30（c）所示的效果。

3. 注意

（1）区域填充时，所选择的填充边界需要形成封闭的区域，否则中望 CAD 会提示警告信息："没找到有效边界"。

（2）填充图案是一个独立的图形对象，填充图案中所有的线都是关联的。

（3）如果有需要可以用分解（Explode）命令将填充图案分解成单独的线条。一旦填充图案被分解成单独的线条，那么它与原边界对象将不再具有关联性。

6.10.2　设置图案填充

执行图案填充命令后，弹出"图案填充和渐变色"对话框，下面对"图案填充"选项卡里的各项分别进行讲述。

1. 类型和图案

类型：类型有三种，单击下拉箭头可选择方式，分别是"预定义""用户定义""自定义"，中望 CAD 默认选择"预定义"方式。

图案：显示填充图案文件的名称，用来选择填充图案。单击下拉箭头可选择填充图案。也可以单击列表后面的按钮 ... ，开启"填充图案选项板"对话框，通过预览图像，选择需要的图案来进行填充，如图 6-31 所示。

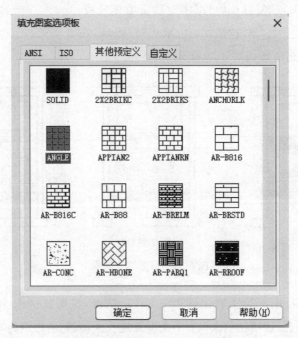

图 6-31 "填充图案选项板"对话框

样例：用于显示当前选中的图案样式。单击所选的图案样式，也可以打开"填充图案选项板"对话框。

2. 角度和比例

角度：图样中剖面线的倾斜角度。此角度默认值是 0，用户可以输入所需的值改变角度。

比例：图样填充时的比例因子。中望 CAD 提供的各图案都有默认的比例，如果此比例不合适（填充得太密或太稀），可以输入其他值，设置新比例。

3. 图案填充原点

原点用于控制图案填充原点的位置，也就是图案填充生成的起点位置。

使用当前原点：以当前原点为图案填充的起点，一般情况下，原点设置为(0,0)。

指定的原点：指定一点，使其成为新的图案填充的原点。用户还可以进一步调整原点相对于边界范围的位置，共有 5 种情况，包括"左下""右下""左上""右上""正中"，如图 6-32 所示。

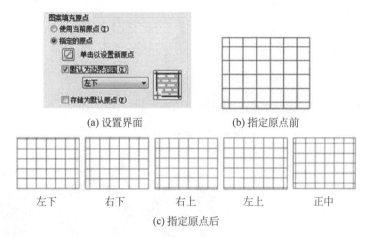

(a) 设置界面   (b) 指定原点前

左下   右下   右上   左上   正中

(c) 指定原点后

图 6-32　图案填充指定原点

默认为边界范围：指定新原点为图案填充对象边界的矩形范围中的 4 个角点或中心点。

存储为默认原点：把当前设置保存成默认的原点。

4. 边界

在中望 CAD 中为用户提供了两种指定图案边界的方法，分别是通过拾取点和选择对象来确定填充的边界。

添加拾取点：拾取需要填充区域内的一点，系统将寻找包含该点的封闭区域填充。

添加选择对象：用鼠标单击选择要填充的对象，常用在多个或多重嵌套的图形。

删除边界：将多余的对象排除在边界集外，使其不参与边界计算。如图 6-33 所示。

(a) 选定的内部点   (b) 删除的对象   (c) 结果

图 6-33　删除边界图示

重新创建边界：以填充图案自身补全其边界，采取编辑已有图案的方式，可将生成的边界类型定义为面域或多段线，如图 6-34 所示。

查看选择集：单击此按钮后，可在绘图区域亮显当前定义的边界集合。

5. 孤岛

封闭区域内的填充边界称为孤岛。可以指定填充对象的显示样式，有"普通""外部""忽略"三种孤岛显示样式。"普通"是默认的孤岛显示样式。如图 6-35 所示。

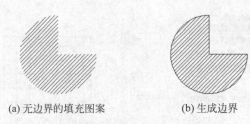

　　　　(a) 无边界的填充图案　　　　　　(b) 生成边界

图 6-34　重新创建边界

选取内部点　　检测边界　　　　普通　　　　外部　　　　忽略

图 6-35　孤岛显示样式

　　孤岛检测：用于控制是否进行孤岛检测，将最外层边界内的对象作为边界对象。

　　普通：从外向内隔层画剖面线。

　　外部：只将最外层画上剖面线。

　　忽略：忽略边界内的孤岛，全图面画上剖面线。

6. 预览

　　预览：可以在应用填充之前查看效果。单击"预览"按钮，将临时关闭对话框，在绘图区域预先浏览边界填充的结果，单击图形或按 Esc 键返回对话框。右击或按 Enter 键接受填充。

　　动态预览：可以在不关闭"填充"对话框的情况下预览填充效果，以便用户动态地查看并及时修改填充图案。动态预览和预览选项不能同时选中，只能选择其中一种预览方法。

7. 其他选项

　　在默认的情况下，"其他选项"栏是被隐藏起来的，当单击"其他选项"的按钮 ≫ 时，将其展开后可以弹出如图 6-36 所示的对话框。

　　保留边界：此选项用于以临时图案填充边界创建边界对象，并将它们添加到图形中，在"对象类型"栏内选择边界的类型是"面域"或"多段线"。

　　边界集：可以指定比屏幕显示小的边界集，在一些相对复杂的图形中需要进行长时间分析操作时可以使用此项功能。

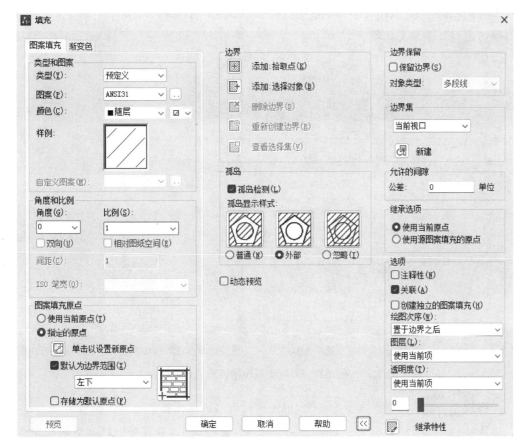

图 6-36 "其他"选项对话框

允许的间隙：一幅图形中有些边界区域并非是严格封闭的，接口处存在一定空隙，而且空隙往往比较小，不易观察到，造成边界计算异常，中望 CAD 考虑到这种情况，设计了此选项，使在可控制的范围内即使边界不封闭也能够完成填充操作。

继承选项：当使用"继承选项"创建图案填充时，将以这里的设置来控制图案填充原点的位置。

"使用当前原点"表示将当前的图案填充原点设置为目标图案填充的原点；"使用源图案填充的原点"表示以复制的源图案填充的原点为目标图案填充的原点。

关联：确定填充图样与边界的关系。若打开此项，那么填充图样与填充边界保持着关联关系，当填充边界被缩放或移动时，填充图样也相应跟着变化，系统默认是"关联"，如图 6-37(a)所示。

不勾选"关联"，即为关闭此开关，图案与边界不再关联，填充图样也不跟着变化，如图 6-37(b)所示。

创建独立的图案填充：对于有多个独立封闭边界的情况下，中望 CAD 可以用两种方式创建填充，一种是将几处的图案定义为一个整体，另一种是将各处图案独立定义，如图 6-38

所示,通过显示对象夹点可以看出,在未选择此项时创建的填充图案是一个整体,而选择此项时创建的是 3 个填充图案。

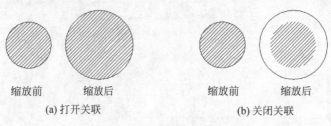

(a) 打开关联　　　　　　　(b) 关闭关联

图 6-37　填充图样与边界的关联

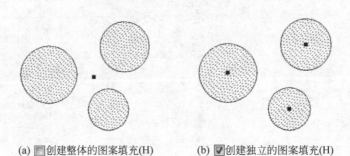

(a) ☐创建整体的图案填充(H)　　(b) ☑创建独立的图案填充(H)

图 6-38　通过夹点可以查看图案填充是否各自独立

绘图次序:当填充图案发生重叠时,用此项设置来控制图案的显示层次。

继承特性:用于将源填充图案的特性匹配到目标图案上,并且可以在继承选项里指定继承的原点。

7 文字和表格

在中望CAD图纸中,除图形对象外,文字和表格也是非常重要的组成部分。在绘图过程中,有时需要给图形添加一些文字说明,使图形更清楚明了,能够更好地表达设计意图。表格则可用于显示数字和其他项,方便用户查阅,以便快速引用、统计和分析。

本章主要学习如何设置字体与文字样式、标注文本、编辑文本、创建表格样式、编辑表格、使用字段等知识,通过对本章的学习,读者可熟练地在图形中加入文本说明和明细表格。

标注、文字、
符号、图框

7.1 设置文字样式

在中望CAD中标注的所有文本,都有其文字样式设置。本节主要讲述字体、文字样式以及如何设置文字样式等知识。

7.1.1 字体与文字样式

字体是由具有相同构造规律的字母或汉字组成的字库。例如:英文有 Roman、Romantic、Complex、Italic 等字体;汉字有宋体、黑体、楷体等字体。中望CAD 提供和支持多种可供定义样式的字体,包括 Windows 系统 Fonts 目录下的"*.ttf"字体和中望CAD 的 Fonts 目录的大字体及西文的"*.shx"字体。

用户可根据自己的需要定义字体类型、字符大小、倾斜角度、文本方向等不同特性的文字样式。在中望CAD 绘图过程中,所有的标注文本也可以定义其文字样式,字符大小由字符高度和字符宽度决定。

7.1.2 设置文字样式

1. 运行方式

命令行:Style (ST)。

功能区："工具"→"样式管理器"→"文字样式"命令。

工具栏："文字"→"文字样式"按钮 Ay 。

"文字样式"命令用于设置文字样式，包括字体、字符高度、字符宽度、倾斜角度、文本方向等参数。

2. 操作步骤

执行"文字样式"命令后，系统会自动弹出"文字样式管理器"对话框，如图7-1所示。

图7-1 "文字样式管理器"对话框

以设置新字体样式为"宋体"为例，其操作步骤如下。

命令：Style	执行"文字样式"命令
单击"当前样式名"对话框的"新建"按钮	系统弹出"新文字样式"对话框
在对话框中输入"宋体"，单击"确定"按钮	设定新样式名为"宋体"并回到主对话框
在文本字体框中选宋体	设定新字体"宋体"
在文本度量框中填写	设定字体的高度、宽度因子、倾斜角
单击"应用"按钮	将新样式"宋体"加入图形
单击"确定"按钮	完成新样式设置，关闭对话框

⚙ 读者可以自行设置其他的文字样式。"文字样式管理器"对话框中各选项的含义和功能介绍如下。

当前样式名：该区域用于设定样式名称，用户可以从该下拉列表框选择已定义的样式或者单击"新建"按钮创建新样式。

新建：用于定义一个新的文字样式。单击该按钮，在弹出的"新文字样式"对话框的"样式名称"编辑框中输入要创建的新样式的名称，然后单击"确定"按钮。

重命名：用于更改图中已定义的某种样式的名称。在左边的下拉列表框中选取需更名的样式，再单击"确定"按钮，在弹出的"重命名文字样式"对话框的"样式名称"编辑框中输入新样式名，然后单击"确定"按钮即可。

删除：用于删除已定义的某种样式。在左边的下拉列表框选取需要删除的样式，然后单击"删除"按钮，系统将会提示是否删除该样式，单击"确定"按钮，表示确定删除，单击"取消"按钮表示取消删除。

文本度量：该区域用于设置当前样式的宽度、高度、倾斜角等。

（1）注释性：使文字具有注释性特性。控制文字对象在模型空间或布局空间中显示的比例和尺寸。

（2）高度：该编辑框用于设置当前字型的字符高度。

（3）宽度因子：该编辑框用于设置字符的宽度因子，即字符宽度与高度之比。取值为1时表示保持正常字符宽度，大于1表示加宽字符，小于1表示使字符变窄。

（4）倾斜角：该编辑框用于设置文本的倾斜角度。大于0°时，字符向右倾斜；小于0°时，字符向左倾斜。

文本字体：该区域用于设置当前样式的字体、字体样式、字体高度。

（1）名称：该下拉列表框中列出了 Windows 系统的 TrueType（＊.ttf）字体与中望CAD 本身所带的字体。用户可在此选择一种需要的字体作为当前样式的字体。

（2）样式：该下拉列表框中列出了字体的几种样式，如"常规""粗体""斜体"等。用户可任选一种样式作为当前字体的样式。

（3）语言：指定字体对应的语言。

（4）大字体：选用该复选框，用户可使用大字体定义字型。

文本预览：该区域用于预览当前字型的文本效果。

设置完样式后可以单击"应用"按钮将新样式加入当前图形。完成样式设置后，单击"确定"按钮，关闭"文字样式管理器"对话框。

文本生成：该区域用于设置文本的显示方式。

（1）文本反向印刷：选择该复选框后，文本将反向显示。

（2）文本颠倒印刷：选择该复选框后，文本将颠倒显示。

（3）文本垂直印刷：选择该复选框后，字符将以垂直方式显示字符。TrueType 字体不能设置为垂直书写方式。

3. 注意

（1）中望 CAD 图形中的所有文本都有其对应的文字样式。系统默认样式为 Standard样式，用户需预先设定文本的样式，并将其指定为当前使用样式，系统才能将文字按用户指定的文字样式写入字形中。

（2）"重命名"（Rename）和"删除"（Delete）选项对 Standard 样式无效。图形中已使用样式不能被删除。

（3）对于每种文字样式，其字体及文本格式都是唯一的，即所有采用该样式的文本都具有统一的字体和文本格式。如果想在一幅图形中使用不同的字体设置，则必须定义不同的文字样式。对于同一字体，可将其字符高度、宽度因子、倾斜角等文本特征设置为不同，从而定义成不同的字型。

（4）可用"改变"（Change）命令改变选定文本的字型、字体、字高、字宽、文本效果等设置。

7.2　标注文本

7.2.1　单行文本

1. 运行方式

命令行：Text。

功能区："常用"→"注释"→"单行文本"命令。

工具栏："文字"→"单行文本"按钮  。

"单行文本"命令可为图形标注一行或几行文本，每一行文本作为一个实体。该命令同时设置文本的当前样式、旋转角度、对齐方式和字高等。

2. 操作步骤

用"单行文本"命令在图 7-2 中标注文本，采用设置新字体的方法，中文采用仿宋字体，其操作步骤如下。

中望软件

图 7-2　标注文本

命令：Text	执行"单行文本"命令
当前文字样式："Style1"文字高度：2.5注释性：否	显示当前的文字样式和高度
指定文字的起点或 [对正(J)/样式(S)]:S	输入 S,选择样式选项
输入文字样式或 [?]<Style1>:仿宋	设定当前文字样式为"仿宋"
指定文字的起点或 [对正(J)/样式(S)]:J	输入 J,选择调整选项
输入选项 [对齐(A)/布满(F)/居中(C)/中间(M)/右对齐(R)/左上(TL)/中上(TC)/右上(TR)/左中(ML)/正中(MC)/右中(MR)/左下(BL)/中下(BC)/右下(BR)]: MC	输入 MC,选择 MC 中心对齐方式

指定文字的中心点:	拾取文字中心点
指定文字高度＜2.5＞:10	输入10,指定文字的高度
指定文字的旋转角度＜180＞:0	设置文字旋转角度为0°
文字:中望软件	输入文本,按 Enter 键结束文本输入

⚙ "单行文本"命令的选项介绍如下。

样式（S）：此选项用于指定文字样式,即文字字符的外观。执行此选项后,系统出现提示信息"输入样式名或［?］＜Standard＞:"输入已定义的文字样式名称或按 Enter 键选用当前的文字样式；也可输入"?",系统提示"输入要列出的文字样式＜*＞:",按 Enter 键后,屏幕转为文本窗口列表显示图形定义的所有文字样式名、字体文件、高度、宽度比例、倾斜角、生成方式等参数。

对齐（A）：标注文本在用户的文本基线的起点和终点之间保持字符宽度因子不变,通过调整字符的高度来匹配对齐。

布满（F）：标注文本在指定的文本基线的起点和终点之间保持字符高度不变,通过调整字符的宽度因子来匹配对齐。

居中（C）：标注文本中点与指定点对齐。

中间（M）：标注文本的文本中心和高度中心与指定点对齐。

右对齐（R）：在图形中指定的点与文本基线的右端对齐。

左上（TL）：在图形中指定的点与标注文本顶部左端点对齐。

中上（TC）：在图形中指定的点与标注文本顶部中点对齐。

右上（TR）：在图形中指定的点与标注文本顶部右端点对齐。

左中（ML）：在图形中指定的点与标注文本左端中间点对齐。

正中（MC）：在图形中指定的点与标注文本中部中心点对齐。

右中（MR）：在图形中指定的点与标注文本右端中间点对齐。

左下（BL）：在图形中指定的点与标注文本底部左端点对齐。

中下（BC）：在图形中指定的点与字符串底部中点对齐。

右下（BR）：在图形中指定的点与字符串底部右端点对齐。

ML、MC、MR 三种对齐方式中所指的中点均是文本大写字母高度的中点,即文本基线到文本顶端距离的中点；M 所指的文本中心是文本的总高度(包括如 j、y 等字符的下沉部分)的中点,即文本底端到文本顶端距离的中点,如图 7-3 所示。如果文本串中不含 j、y 等下沉字母,则文本底端线与文本基线重合,MC 与 M 相同。

3. 注意

用户在输入一段文本并退出单行文本命令后,若再次进入该命令(无论中间是否进行了其他命令操作)将继续前面的文字标注工作,上一个单行文本命令中最后输入的文本将呈高亮显示,且字高、角度等文本特性将沿用上次的设定。

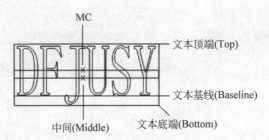

图 7-3 文本底端到文本顶端距离的中点

7.2.2 多行文本

1. 运行方式

命令行：Mtext(MT、T)。

功能区："常用"→"注释"→"多行文本"命令。

工具栏："绘图"→"多行文本"按钮 圖 。

"多行文本"命令可在绘图区域用户指定的文本边界框内输入文字内容，并将其视为一个实体。此文本边界框定义了段落的宽度和段落在图形中的位置。

2. 操作步骤

在绘图区标注一段文本，结果如图 7-4 所示，操作步骤如下。

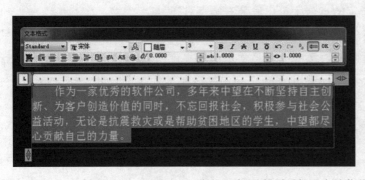

图 7-4 "多行文本"编辑对话框及右键菜单

命令：Mtext	执行"多行文本"命令
当前文字样式："Standard" 文字高度：2.5 注释性：否	显示当前文字样式及高度
指定第一个角点：	选择段落文本边界框的第一角点
指定对角点或 [对齐方式(J)/行距(L)/旋转(R)/样式(S)/字高(H)/方向(D)/字宽(W)/列(C)]:S	输入 S，重新设定样式
输入文字样式或 [?] < Standard >:仿宋	选择"仿宋"为当前样式
指定对角点或 [对齐方式(J)/行距(L)/旋转(R)/样式(S)/字高(H)/方向(D)/字宽(W)/列(C)]:	拾取另一点

选择字块对角点，在弹出对话框里输入汉字，单击"OK"按钮结束文本输入。

中望 CAD 实现了多行文字的"所见即所得"效果。也就是说，在编辑对话框中看到的显示效果与图形中文字的实际效果完全一致，并支持在编辑过程中使用鼠标中键进行缩放和平移。

中望 CAD 将以往的多行文字编辑器升级为在位文字编辑器，对文字编辑器的界面进行了重新部署。新的在位文字编辑器包括三个部分：文字格式工具栏、菜单选项栏和文字格式选项栏。中望 CAD 增强了对多行文字的编辑功能，如上画线、标尺、段落对齐、段落设置等。

对话框中部分按钮和设置的简单说明如图 7-5 所示。其他主要选项功能说明见表 7-1。

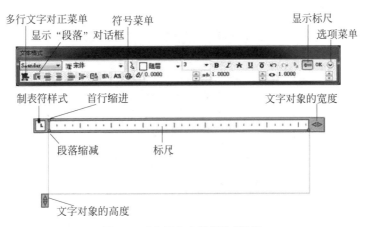

图 7-5　"多行文字编辑"对话框

表 7-1　"文字格式"工具栏选项及按钮功能说明

图　　标	名　　称	功　能　说　明
Standard ▼	样式	为多行文字对象选择文字样式
宋体　　▼	字体	用户可以从该下拉列表框中任选一种字体修改选定文字或为新输入的文字指定字体

续表

图 标	名 称	功 能 说 明
■ 随层　▼	颜色	用户可从颜色列表中为文字任意选择一种颜色,也可指定 Bylayer 或 Byblock 的颜色,使之与所在图层或所在块相关联,或在颜色列表中选择"其他颜色"开启"选择颜色"对话框,选择颜色列表中没有的颜色
2.5　▼	文字高度	设置当前字体高度。可在下拉列表框中选取,也可直接输入
B *I* A̲ U̲ ō	粗体/斜体/删除线/上画线/下画线	设置当前标注文本是否加黑、倾斜、加删除线、加下画线、加上画线
↶	撤销	撤销上一步操作
↷	重做	重做上一步操作
b̧ₐ	堆叠	设置文本的重叠方式。只有在文本中含有"/""^""♯"三种分隔符号,且含这三种符号的文本被选定时,该按钮才被执行

在文字输入窗口中右击,将弹出一个快捷菜单,通过此快捷菜单可以对多行文字进行更多设置,如图 7-6 所示。

全选	Ctrl+A
剪切	Ctrl+X
复制	Ctrl+C
粘贴	Ctrl+V
特殊粘贴	▶
插入字段	Ctrl+F
符号	▶
输入文字…	
段落对齐	▶
段落…	
查找和替换…	Ctrl+R
改变大小写	▶
自动大写	
字符集	▶
合并段落	
删除格式	▶
背景遮罩…	
编辑器设置	▶
了解多行文字	▶
取消	

图 7-6　"多行文字"右键菜单

⚙ "多行文字"快捷菜单中的各命令介绍如下。

全选：选择"在位文字编辑器"文本区域中包含的所有文字对象。

特殊粘贴：粘贴时可能会清除某些格式。用户可以根据需要,将粘贴的内容做出相应的格式清除,以达到其期望的结果。

(1)无字符格式粘贴：清除粘贴文本的字符格式,仅粘贴字符内容和段落格式,无字体颜色、字体大小、粗体、斜体、上下画线等格式。

(2)无段落格式粘贴：清除粘贴文本的段落格式,仅粘贴字符内容和字符格式,无制表位、对齐方式、段落行距、左右缩进、悬挂等段落格式。

(3)无任何格式粘贴：粘贴进来的内容只包含可见文本,既无字符格式也无段落格式。

插入字段：开启"字段"对话框,通过该对话框创建带字段的多行文字对象。

符号：选择该命令中的子命令,可以在标注文字时输入一些特殊的字符,如"∅""°"等。

输入文字：选择该命令,可以打开"选择文件"对话框,利用该对话框可以导入在其他文本编辑中创建的文字。

段落对齐：设置多行文字对象的对齐方式。

段落：设置段落的格式。

查找和替换：在当前多行文字编辑器中的文字中搜索指定的文字字段并用新文字替换。但要注意的是,替换的只是文字内容,字符格式和文字特性不变。

改变大小写：改变选定文字的大小写。可以选择"大写"或"小写"。

自动大写：设置即将输入的文字全部为大写。该设置对已存在的文字没有影响。

字符集：字符集中列出了平台所支持的各种语言版本。用户可根据实际需要,为选取的文字指定语言版本。

合并段落：选择该命令,可以合并多个段落。

删除格式：选择该命令,可以删除文字中应用的格式,如加粗、倾斜等。

背景遮罩：打开"背景遮罩"对话框,为多行文字对象设置不透明背景。

(1)堆叠/非堆叠：为选定的文字创建堆叠,或取消包含堆叠字符文字的堆叠。此菜单项只在选定可堆叠或已堆叠的文字时才显示。

(2)堆叠特性：打开"堆叠特性"对话框。编辑堆叠文字、堆叠类型、对齐方式和大小。此菜单项只在选定已堆叠的文字时才显示。

编辑器设置：显示"文字格式"工具栏的选项列表。

(1)始终显示为 WYSIWYG(所见即所得)：控制在位文字编辑器及其文字的显示。

(2)显示工具栏：控制"文字格式"工具栏的显示。要恢复工具栏的显示,需在"在位文字编辑器"的文本区域中右击,并选择"编辑器设置"→"显示工具栏"菜单项。

（3）显示选项：控制"文字格式"工具栏下的"文字格式"选项栏的显示。选项栏的显示是基于"文字格式"工具栏的。

（4）显示标尺：控制标尺的显示。

（5）不透明背景：设置编辑框背景为不透明，背景色与界面视图中背景色相近，用来遮挡住编辑器背后的实体。默认情况下，编辑器是透明的。

注意：选中"始终显示为 WYSIWYG"项时，此菜单项才会显示。

（6）弹出切换文字样式提示：当更改文字样式时，控制是否显示应用提示对话框。

（7）弹出退出文字编辑提示：当退出在位文字编辑器时，控制是否显示保存提示的对话框。

了解多行文字：显示在位文字编辑器的帮助菜单，包含多行文字功能概述。

取消：关闭"在位文字编辑器"，取消多行文字的创建或修改。

3. 注意

（1）"多行文本"命令与"单行文本"命令有所不同，"多行文本"命令输入的多行段落文本是作为一个实体，只能对其进行整体选择、编辑；"单行文本"命令也可以输入多行文本，但每一行文本单独作为一个实体，可以分别对每一行进行选择、编辑。"多行文本"命令标注的文本可以忽略字型的设置，只要用户在文本标签页中选择了某种字体，那么不管当前的字型设置采用何种字体，标注文本都将采用用户选择的字体。

（2）用户若要修改已标注的多行文本，可选取该文本后，右击，在弹出的快捷菜单中选择"参数"项，即弹出"对象属性"对话框进行文本修改。

（3）输入文本的过程中，可对单个或多个字符进行不同的字体、高度、加粗、倾斜、下画线、上画线等设置，这点与字处理软件相同。其操作方法是：按住并拖动鼠标左键，选中要编辑的文本，然后再设置相应选项。

7.2.3 特殊字符输入

在标注文本时，经常需要输入一些特殊字符，如上画线、下画线、直径、度数、公差符号和百分比符号等。多行文字可以用上（下）画线按钮及右键菜单中的"符号"菜单来实现。针对"单行文本"命令，中望 CAD 提供了一些带两个百分号（％％）的控制代码来生成这些特殊符号。

1. 特殊字符说明

表 7-2 列出了一些特殊字符的代码输入及说明。

表 7-2　特殊字符的代码输入及说明

特　殊　字　符	代　码　输　入	说　　　明
±	％％p	公差符号

续表

特 殊 字 符	代 码 输 入	说　　明
—	%%o	上画线
—	%%u	下画线
%	%%%	百分比符号
φ	%%c	直径符号
°	%%d	角度
	%%nnn	nnn 为 ASCII 码

2. 操作步骤

用"单行文本"命令输入几行包含特殊字符的文本,如图 7-7 所示,其操作步骤如下。

图 7-7　用"单行文本"命令输入特殊字符的文本

命令:Text	执行"单行文本"命令
当前文字样式:"Standard"文字高度:2.5 注释性:否	显示当前的文字样式和高度
指定文字的起点或[对正(J)/样式(S)]:　S	选择更改文字样式
输入文字样式或 [?] <Standard>:仿宋	选用仿宋字体
当前文字样式:　"仿宋"　文字高度:　2.5000	显示当前的文字样式和高度
指定文字的起点或 [对正(J)/样式(S)]:	在屏幕上拾取一点来确定文字起点
指定文字高度 <2.5>:10	设置文字大小
指定文字的旋转角度 <0>:	按 Enter 键接受默认不旋转
文字:%%p45	输入文本
命令:Text	执行"单行文本"命令
当前文字样式:"仿宋"文字高度:10 注释性:否	显示当前的文字样式和高度
指定文字的起点或[对正(J)/样式(S)]:	确定文字起点
指定文字高度 <10>:	按 Enter 键接受默认字高
指定文字的旋转角度 <0>:	按 Enter 键接受默认不旋转
文字:80%%d	输入文本
同样方法,在提示"文字:"后,分别输入:	
%%oZwCAD%%o	
%%o中望CAD%%o	
%%uZwCAD%%u	
%%u中望软件%%u	
即可显示如图 7-7 所示的特殊字符的文本。	

3. 注意

(1) 如果输入的"%%"后无控制字符(如 c、p、d)或数字,系统将视其为无定义,并删除

"％％"及后面的所有字符；如果用户只输入一个"％"，则此"％"将作为一个字符标注于图形中。

（2）上、下画线是开关控制，输入一个"％％o"（％％u）开始上（下）画线，再次输入此代码则结束，如果一行文本中只有一个画线代码，则自动将行尾作为画线结束处。

4. 其余特殊字符代码输入

表 7-3 为其余特殊字符的代码输入及说明。

表 7-3 其余特殊字符的代码输入及说明

特 殊 字 符	代 码 输 入	说　　　明
$	％％36	—
％	％％37	—
&	％％38	—
'	％％39	单引号
(	％％40	左括号
)	％％41	右括号
*	％％42	乘号
+	％％43	加号
,	％％44	逗号
—	％％45	减号
。	％％46	句号
/	％％47	除号
0～9	％％48～57	数字 0～9
:	％％58	冒号
;	％％59	分号
<	％％60	小于号
=	％％61	等号
>	％％62	大于号
?	％％63	问号
@	％％64	—
A～Z	％％65～90	大写英文 26 个字母
[	％％91	左方括号
\	％％92	反斜杠
]	％％93	右方括号
^	％％94	—
_	％％95	—
`	％％96	单引号
a～z	％％97～122	小写英文 26 个字母
{	％％123	左大括号
|	％％124	—

续表

特 殊 字 符	代 码 输 入	说　明
}	%%125	右大括号
～	%%126	—

7.3　编辑文本

1. 运行方式

命令行：Ddedit。

工具栏："文字"→"编辑文字"按钮 A⁄ 。

"编辑文本"命令可以编辑、修改或标注文本的内容，如增减或替换单行文本中的字符、编辑多行文本或属性定义。

2. 操作步骤

用"编辑文本"命令将图 7-8 所示"单行文本"命令标注的字加上"中望 CAD"，其操作步骤如下。

广州中望龙腾软件股份有限公司

图 7-8　编辑文本

命令：Ddedit　　　　　　　执行"编辑文本"命令
选择注释对象或［放弃(U)］：　　　选取要编辑的文本

选取文本后，该单行文本自动进入编辑状态，单行文本在中望 CAD 也支持"所见即所得"，如图 7-8 所示。

用鼠标选在字符串"广州中望龙腾软件股份有限公司"的后面，输入"中望 CAD"，然后按 Enter 键或单击其他地方，即可完成修改，如图 7-9 所示。

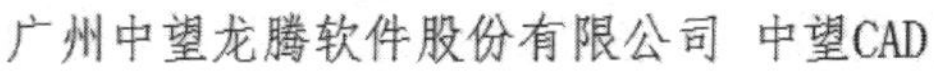

广州中望龙腾软件股份有限公司 中望CAD

图 7-9　完成编辑文字

3. 注意

（1）用户也可以双击一个要修改的文本实体，然后直接对标注文本进行修改。或者在选中文本实体后，右击，在弹出的快捷菜单中选择"编辑文字"。

（2）中望 CAD 支持多行文字中多国语言的输入。对于跨语种协同设计的图纸，图中的文字对象可以分别以多种语言同时显示，极大地方便了图纸在不同国家之间的顺畅交互。

7.4 创建表格

表格是一种由行和列组成的单元格集合,以简洁清晰的形式提供信息,常用于一些组件的图形中。在中望 CAD 中,用户可以通过表格和表格样式工具来创建和制作各种样式的明细表格。

7.4.1 创建表格样式

1. 运行方式

命令行:Tablestyle。

功能区:"工具"→"样式管理器"→"表格样式"命令。

工具栏:"样式"→"表格样式管理器"按钮 ▦ 。

"表格样式"命令用于创建、修改或删除表格样式,表格样式可以控制表格的外观。用户可以使用默认表格样式 Standard,也可以根据需要自定义表格样式。

2. 操作步骤

执行"表格样式"命令,打开"表格样式管理器"对话框,如图 7-10 所示。

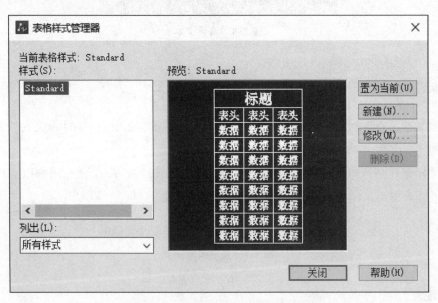

图 7-10 "表格样式管理器"对话框

⚙ "表格样式管理器"对话框用于管理当前表格的样式,通过该对话框,用户可新建、修改或删除表格样式。该对话框中各项说明如下。

当前表格样式:显示当前使用的表格样式的名称。默认表格样式为 Standard。

"**样式**"**列表**：显示所有表格样式。当前被选定的表格样式将被突出显示。

列出：在"样式"列表框下拉菜单中选择显示样式，包括"所有样式"和"正在使用的样式"。如果选择"所有样式"，样式列表框中将显示当前图形中所有可用的表格样式，被选定的样式将被突出显示。如果选择"正在使用的样式"，样式列表框中将只显示当前使用的表格样式。

预览：显示"样式"列表中选定表格样式的预览效果。

置为当前：将"样式"列表中被选定的表格样式设定为当前样式。如果不进行新的修改，后续创建的表格都将默认使用当前设定的表格样式。

新建：打开"创建新的表格样式"对话框，如图 7-11 所示。通过该对话框创建新的表格样式。

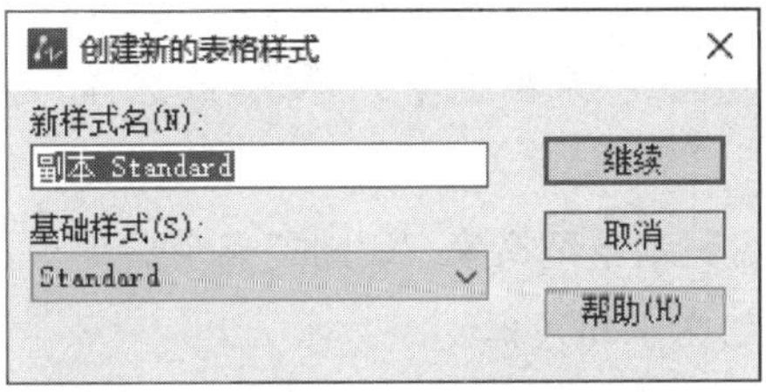

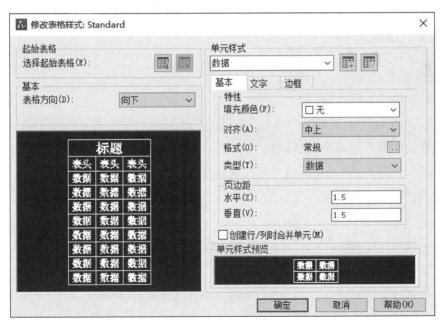

图 7-11 "创建新的表格样式"对话框

修改：打开"修改表格样式"对话框，如图 7-12 所示。通过该对话框对当前表格样式的相关参数和特性进行修改。

图 7-12 "修改表格样式"对话框

删除：删除"样式"列表中选定的多重引线样式。Standard 和当前正在使用的样式不能被删除。

在"表格样式"对话框中，单击"新建"按钮，打开"创建新的表格样式"对话框，如图 7-11 所示在"新样式名"中输入新的表格样式名称，在"基础样式"下拉列表框中选择用于创建新样式的基础样式，中望 CAD 将基于所选样式来创建新的表格样式。

单击"继续"按钮，打开"修改表格样式"对话框，如图 7-12 所示。该对话框中设置内容包括表格方向、表格样式预览、单元样式、"单元样式"选项卡和单元样式预览五部分。该对话框中各项说明如下。

表格方向：更改表格方向。表格方向包括"向上"和"向下"两种选项。

表格样式预览：显示当前表格样式设置的预览效果。

单元样式：在下拉列表框中选择要设置的对象，包括"标题""表头""数据"三种选项。用户也可选择"创建新的单元样式"来添加单元样式，或选择"管理单元样式"来新建、重命名、删除单元格样式。

"单元样式"选项卡：包括"基本""文字""边框"三个选项卡，用于分别设置标题、表头，数据单元样式中的基本内容、文字和边框。

单元样式预览：显示当前单元样式设置的预览效果。

完成表格样式的设置后，单击"确定"按钮，系统返回到"表格样式"对话框，并将新定义的样式添加到"样式"列表框中。单击该对话框中的"确定"按钮关闭对话框，完成新表格样式的定义。

7.4.2 创建表格

1. 运行方式

命令行：Table。

功能区："注释"→"表格"→"表格"命令。

工具栏："绘图"→"表格"按钮 ▦ 。

"表格"命令用于创建新的表格对象。表格由一行或多行单元格组成，用于显示数字和其他项以便快速引用和分析。

2. 操作步骤

使用"表格"命令创建一个如图 7-13 所示的空白表格对象。并通过 7.5 节所介绍的操作步骤对表格内容进行编辑后，最终效果如图 7-14 所示。

创建表格前先设置表格样式，执行"表格样式"（Tablestyle）命令，打开"表格样式管理器"对话框，如图 7-10 所示。在该对话框中单击"新建"按钮，在"创建新的表格样式"对话框中输入新表格样式的名称，如图 7-15 所示。

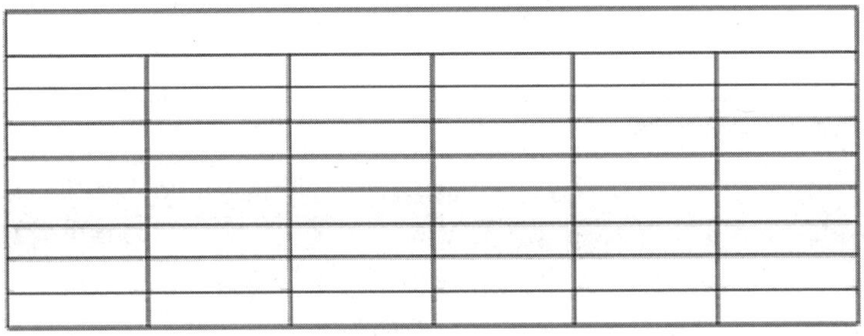

图 7-13　使用"表格"命令创建空白表格

通风隔热屋面选用表					
编号	保温隔热材料	导热系数 [W/(m·k)]	修正系数	保温隔热材料 厚度 D (mm)	平均传热系数 [W/(m²·k)]
H1-20101103	蒸压加气 混凝土砌砖	0.18	1.25	200	0.89
				250	0.78
				300	0.68
H2-20101104	复合硅酸盐板	0.07	1.2	100	0.76
				110	0.72
				120	0.66
备注：					

图 7-14　表格最终效果

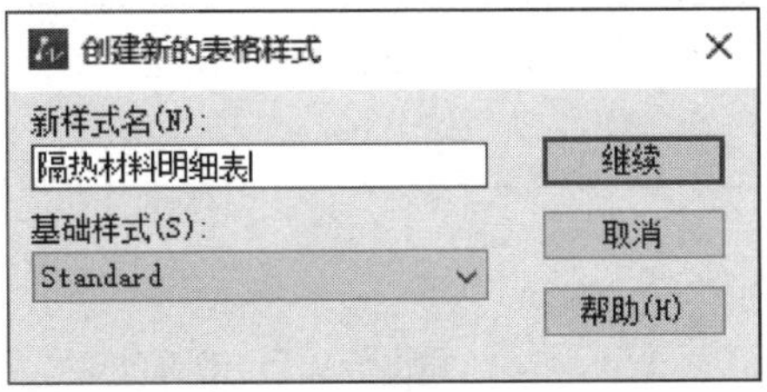

图 7-15　为新表格样式命名

　　单击对话框中的"继续"按钮，打开"创建表格样式：隔热材料明细表"对话框，在"单元样式"下拉列表中选择"数据"样式，选择"文字"选项卡，如图 7-16 所示。

　　在"特性"选项组中，单击"文字样式"下拉列表框右侧的 … 按钮，打开"字体样式"对话框，修改字体样式，如图 7-17 所示。

　　设置完成后，单击"确定"按钮，返回"创建表格样式：隔热材料明细表"对话框，在"文字高度"栏中输入文字高度，如图 7-18 所示。

　　选择"基本"选项卡，在该选项卡中设置对齐方式，如图 7-19 所示。

　　在"单元样式"下拉列表中选择"表头"样式，在"文字"选项卡中设置该样式的文字高度，如图 7-20 所示。

　　在该对话框中单击"确定"按钮，返回到"表格样式"对话框，所设置的"隔热材料明细表"样式出现在预览框内，如图 7-21 所示。

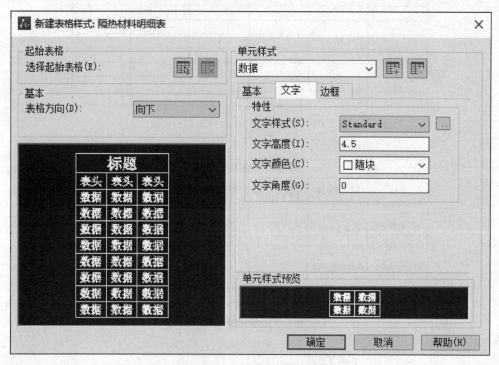

图 7-16 设置表格单元样式

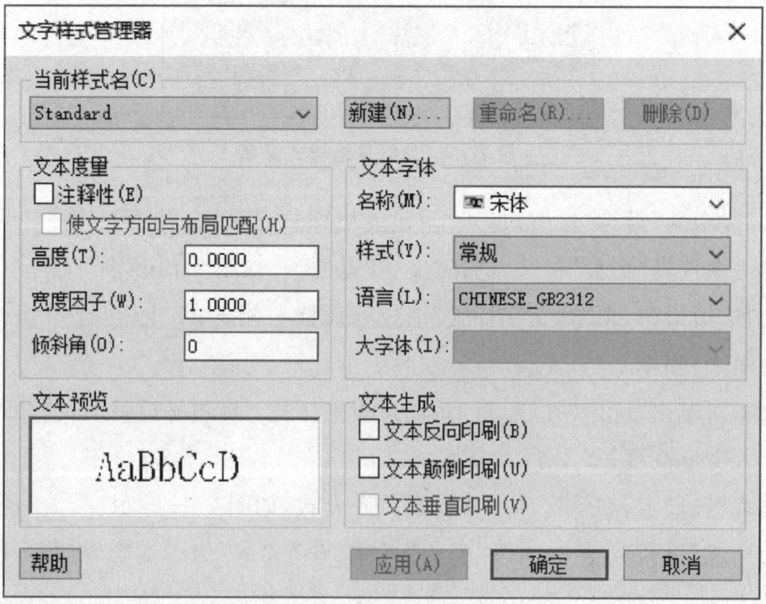

图 7-17 设置字体样式

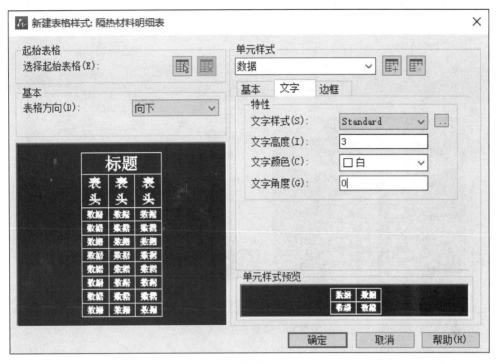

图 7-18　设置文字高度

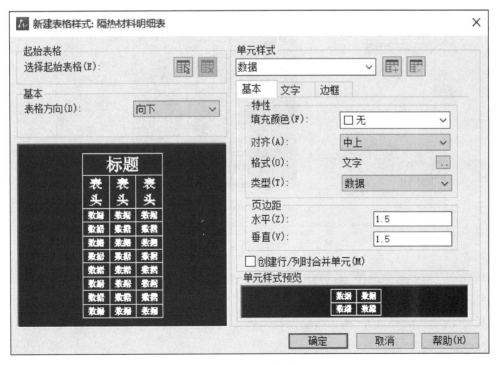

图 7-19　设置对齐方式

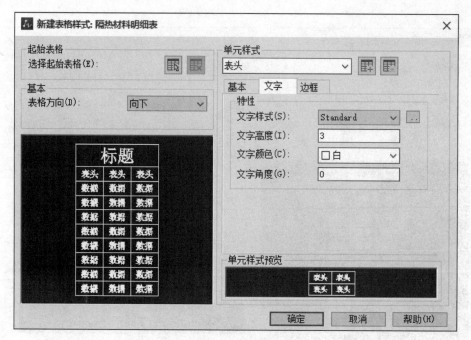

图 7-20　设置表头文字高度

图 7-21　新建表格样式设置预览

　　在"样式"列表框中选择"隔热材料明细表"样式,单击"置为当前"按钮,将此样式设置为当前样式,然后单击"关闭"按钮退出"表格样式"对话框,完成表格样式设置。

　　执行"表格"命令,打开"插入表格"对话框,在"列和行设置"选项组中,输入"列"数、"列宽"、"数据行"数和"行高",如图 7-22 所示。

　　完成设置后,在该对话框中单击"确定"按钮,在命令行"指定插入点:"提示下,在绘图区域中拾取一点,插入表格,完成如图 7-13 所示的空白表格对象的创建。

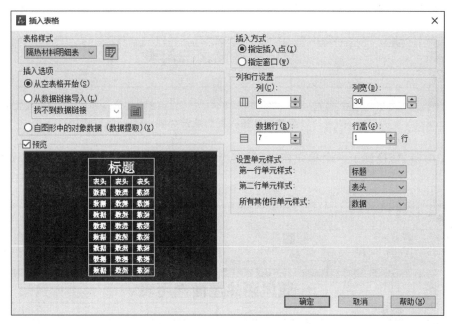

图 7-22　设置表格行和列

7.5　编辑表格

7.5.1　编辑表格文字

1. 运行方式

命令行：Tabledit。

"编辑表格文字"命令用于编辑表格单元中的文字。

2. 操作步骤

执行"编辑表格文字"命令,在命令行"拾取表格单元:"提示下,拾取一个表格单元,系统同时打开"文本格式"工具栏和文本输入框,如图 7-23 所示。

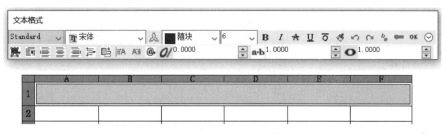

图 7-23　"文本格式"工具栏

在当前光标所在单元格内输入文字内容"通风隔热屋面选用表",如图 7-24 所示。

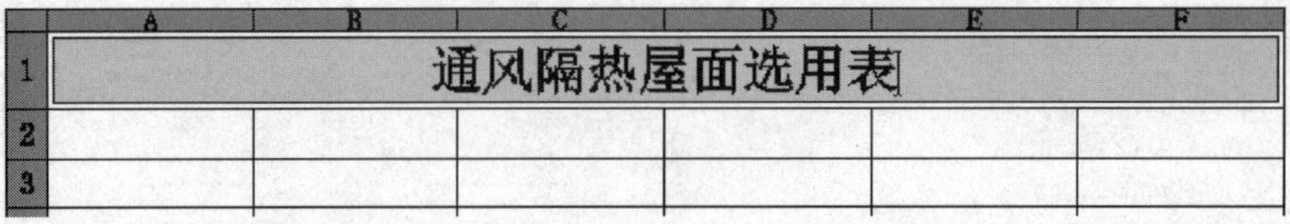

图 7-24　输入表头单元文字

按 Tab 键,切换到下一个单元格,然后在当前单元格内输入文字内容"编号",如图 7-25 所示。

图 7-25　输入标题单元文字

通过按 Tab 键依次激活其他单元格,输入相应的文字内容,并插入相关的特殊符号。最后单击"文本格式"工具栏中的"确定"按钮,结束表格文字的创建,效果如图 7-26 所示。

通风隔热屋面选用表					
编号	保温隔热材料	导热系数 [W/(m·k)]	修正系数	保温隔热材料厚度 D(mm)	平均传热系数 [W/(m²·k)]
H1-20101103	蒸压加气混凝土砌砖	0.18	1.25	200	0.89
				250	0.78
				300	0.68
H2-20101104	复合硅酸盐板	0.07	1.2	100	0.76
				110	0.72
				120	0.66
备注：					

图 7-26　输入表格文字

3. 注意

用户也可以通过以下两种方式来选择表格单元,编辑单元格的文字内容。

（1）双击指定的表格单元。

（2）选择指定的表格单元，右击，在弹出的快捷菜单中选择"编辑文字"选项。

7.5.2　表格工具

在所创建的表格对象中，拾取一个或多个表格单元格如图 7-27 所示，Ribbon 界面的功能区会出现"表格"的工具栏，如图 7-28 所示，显示编辑表格的一些常用的命令。

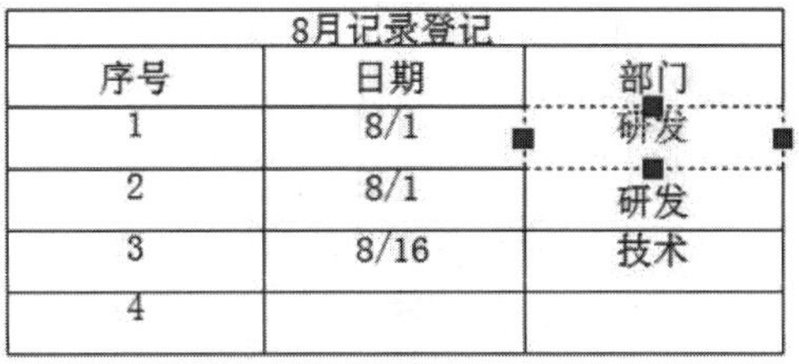

图 7-27　选择表格工具栏

图 7-28　"表格"选项卡

"表格"工具栏上各项按钮及其功能说明如表 7-4 所示。

表 7-4　"表格"工具栏按钮及其功能说明

按钮图标	按钮名称	功能说明
	从上方插入行	在指定的行或单元格的上方插入行
	从下方插入行	在指定的行或单元格的下方插入行
	删除行	删除当前选定的行
	从左侧插入列	在指定的列或单元格的左侧插入列
	从右侧插入列	在指定的列或单元格的右侧插入列
	删除列	删除当前选定的列
	合并单元	将指定的多个单元格合并成大的单元格。合并方式有以下 3 种。 全部：将指定的多个单元格全部合并成一个单元格。 按行：按行合并指定的多个单元格。 按列：按列合并指定的多个单元格

续表

按 钮 图 标	按 钮 名 称	功 能 说 明
▦	取消合并单元	取消之前进行的单元格合并
⊞	单元边框	将选定的边框特性应用到相应的边框

如图 7-29 所示,选中一个单元格后,按住 Shift 键选中其他单元格,在"表格单元"功能区单击▦按钮,并在下拉菜单中选择合并方式。

依次合并所有空白单元格,合并完成后的最终效果如图 7-30 所示。

图 7-29　合并单元格

8月记录登记		
序号	日期	部门
1	8/1	研发
2	8/1	
3	8/16	技术
4		

图 7-30　表格最终效果

8 尺寸标注

尺寸是工程图中不可缺少的部分,在工程图中用尺寸来确定工程形状的长短大小。本章介绍标注样式的创建和标注尺寸的方法。

8.1 尺寸标注的组成

一个完整的尺寸标注由尺寸界线、尺寸线、尺寸文字、尺寸箭头、中心标记等部分组成,如图 8-1 所示。

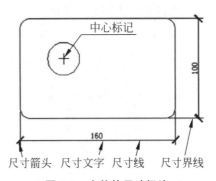

图 8-1 完整的尺寸标注

1. 尺寸界线:从图形的轮廓线、轴线或对称中心线引出,有时也可以利用轮廓线代替,用以表示尺寸的起始位置。一般情况下,尺寸界线应与尺寸线相互垂直。

2. 尺寸线:为标注指定方向和范围。对于线性标注,尺寸线显示为一条直线段;对于角度标注,尺寸线显示为一段圆弧。

3. 尺寸箭头:尺寸箭头位于尺寸线的两端,用于标注起始、终止位置。"箭头"是一个广义的概念,也可以用短划线、点或其他标记代替尺寸箭头。

4. 尺寸文字:显示测量值的字符串,可包括前缀、后缀和公差等。

5. 中心标记:指示圆或圆弧的中心。

8.2 尺寸标注的设置

1. 运行方式

命令行：Dimstyle(D/DST/Ddim)。

功能区："工具"→"样式管理器"→"标注样式"命令。

工具栏："标注"→"标注样式"按钮 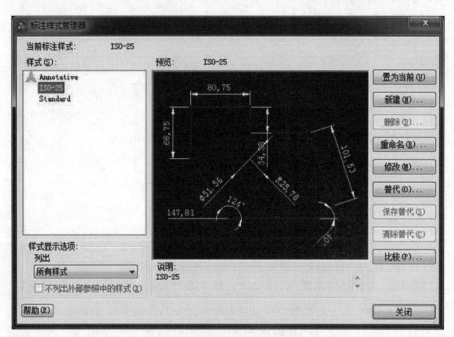。

用户在进行尺寸标注前，应首先设置尺寸标注的格式，然后再用这种格式进行标注，这样才能获得满意的效果。

如果用户在开始绘制新的图形时选择了公制单位，则系统默认的格式为 ISO-25，用户可根据实际情况对尺寸标注的格式进行设置，以满足使用的要求。

2. 操作步骤

执行"标注样式"命令后，将出现如图 8-2 所示"标注样式管理器"对话框。

图 8-2 "标注样式管理器"对话框

在"标注样式管理器"对话框中，用户可以按照国家标准的规定以及具体的使用要求，新建标注格式。同时，用户也可以对已有的标注格式进行局部修改，以满足当前的使用要求。

单击"新建"按钮，系统打开"新建标注样式"对话框，如图 8-3 所示。在该对话框中可以创建新的尺寸标注样式。然后单击"继续"按钮，系统打开"新建标注样式：副本 ISO-25"对话框，如图 8-4 所示。

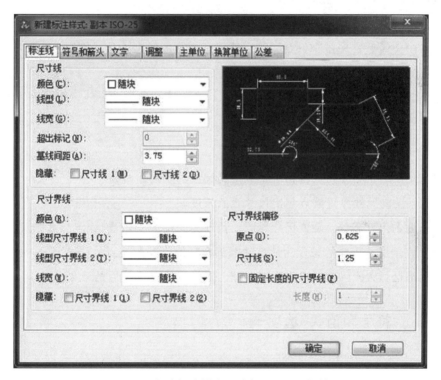

图 8-3 "新建标注样式"对话框

图 8-4 "新建标注样式：副本 ISO-25"对话框

"新建标注样式"对话框中选项卡的各项设置内容如下。

8.2.1 "标注线"选项卡

"标注线"选项卡用于设置和修改尺寸线的样式，如图 8-4 所示。各选项功能如下。

1. 尺寸线

颜色：下拉列表框列出了显示标注线的颜色，用户可以在下拉框列表中选择。

线型：设置尺寸线的线型。在下拉框底部单击"其他…"选项，将会打开"线型管理器"对话框，可以使用已加载的线型或从线型文件中加载。

线宽：设置尺寸线的线宽。

超出标记：控制在使用箭头倾斜、建筑标记、积分标记或无箭头标记作为标注的箭头进行标注时，尺寸线超过尺寸界线的长度。

基线间距：设置基线标注中的尺寸线之间的间距。

隐藏：控制尺寸线的显示。勾选为隐藏。

2. 尺寸界线

颜色：设置尺寸界线的颜色。

线型尺寸界线 1/2：设置第一、第二条尺寸界线的线型。在下拉框底部单击"其他…"选项，将会打开"线型管理器"对话框，可以使用已加载的线型或从线型文件中加载。

线宽：设置尺寸界线的线宽。

隐藏：控制尺寸界线的显示。"尺寸界线 1"隐藏第一条尺寸界线，"尺寸界线 2"隐藏第二条尺寸界线。

3. 尺寸界线偏移

原点：设置尺寸界线原点偏移对象上定义标注的点的距离。

尺寸线：设置尺寸界线端点超出尺寸线的长度。

固定长度的尺寸界线：设置尺寸界线的长度为固定值。勾选"固定长度的尺寸界线"时可设定长度值。尺寸界线的长度为从尺寸线到标注原点的距离。

屏幕预显区：从该区域可以直观地看到上述设置进行标注后的效果。

8.2.2 "符号和箭头"选项卡

⚙ "符号和箭头"选项卡用于设置和修改箭头圆心标记、折弯标注等样式，如图 8-5 所示，各选项功能如下。

绘制独立的起始/终止箭头：控制是否分开设置起始箭头和终止箭头的样式。未选择该选项时，仅允许设置起始箭头样式，终止箭头样式保持和起始箭头样式一致。

起始箭头：设置第一条尺寸线的箭头。当第一条尺寸线的箭头选定后，第二条尺寸线的箭头会自动跟随变为相同的箭头样式。用户可在下拉框中选择"用户箭头"，在开启的"选择自定义箭头块"对话框中选择图块为箭头类型。但要注意的是，该图块必须存在于当前图形文件中。

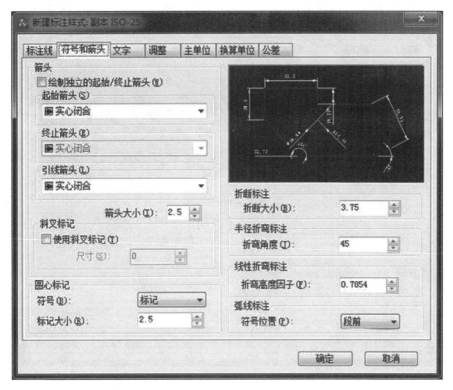

图 8-5 "符号和箭头"选项卡

终止箭头：设置第二条尺寸线的箭头。当勾选"绘制独立的起始/终止箭头"时，用户可以设置两个不同类型的箭头。

引线箭头：设置引线的箭头类型。

箭头大小：定义箭头的大小。

斜叉标记：设置箭头样式为斜叉，并设置斜叉箭头尺寸。

圆心标记：为直径标注和半径标注设置圆心标记的特性。

符号：设置圆心标记的类型。可设置为"无""直线""标记"。

标记大小：控制圆心标记或中心线的大小。

折断大小：显示和设定用于折断标注的间隙大小。

折弯角度：确定折弯半径标注中，尺寸线的横向线段的角度。

折弯高度因子：通过形成折弯角度的两个顶点之间的距离确定折弯高度。

符号位置：设置弧线符号的位置。可设为"段前""上方""隐藏"。

8.2.3 "文字"选项卡

"文字"选项卡用于设置尺寸文本的字型、位置和对齐方式等属性，如图 8-6 所示。

图 8-6 "文字"选项卡

1. 文字外观

文字样式：用户可以在此下拉式列表框中选择一种字体样式，供标注时使用。也可以单击右侧的按钮 ⬚ ，打开"字体样式"对话框，在此对话框中对文字字体进行设置。

文字颜色：选择尺寸文本的颜色。用户在确定尺寸文本的颜色时，应注意尺寸线、尺寸界线和尺寸文本的颜色最好一致。

文字背景：设定标注的文字背景的颜色。

背景颜色：用户可通过下拉框选择需要的颜色，或在下拉框中选择"选择颜色"，在"选择颜色"对话框中选择适当的颜色。

文字高度：设置尺寸文本的高度。此高度值将优先于在字体类型中所设置的高度值。

分数高度比例：以标注文字为基准，设置相对于标注文字的分数比例。此选项一般情况下为灰色，不可使用。只有在"主单位"选项卡上选择"分数"作为"单位格式"时，此选项才可用。在此处输入的值乘以文字高度，可确定标注分数相对于标注文字的高度。

2. 文字位置

垂直：确定标注文字在尺寸线的垂直方向的位置。文字位置在垂直方向有"置中""上方""外部""JIS""下方"5 种选项。

文字垂直偏移：设置标注文字与尺寸线最近端的距离。

水平：设置尺寸文本沿水平方向放置。文字位置在水平方向有"居中""第一条尺寸界线""第二条尺寸界线""第一条尺寸界线上方""第二条尺寸界线上方"5种选项。

视图方向：设置标注文字的阅读方向，可设为"由左至右"或"由右至左"。

3. 文字方向

在尺寸界线外：设置当标注文字放置在尺寸界线外时的显示方向。

在尺寸界线内：设置当标注文字放置在尺寸界线内时的显示方向。

4. 选项

绘制文字边框：勾选此选项，将在标注文字的周围绘制一个边框。

8.2.4 "调整"选项卡

"调整"选项卡用于设置尺寸文本与尺寸箭头的有关格式，如图8-7所示。

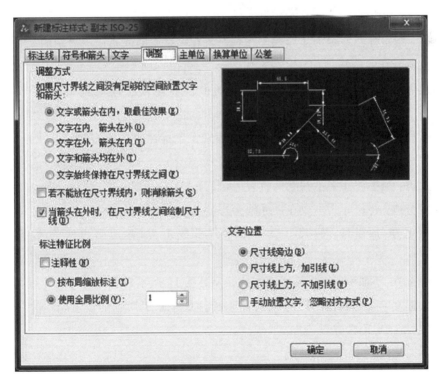

图8-7 "调整"选项卡·

1. 调整方式

该区域用于调整尺寸界线、尺寸文本与尺寸箭头之间的相互位置关系。在标注尺寸时，如果没有足够的空间将尺寸文本与尺寸箭头全写在两尺寸界线之间，可选择以下的摆放形式,来调整尺寸文本与尺寸箭头的摆放位置。

文字或箭头在内,取最佳效果:选择一种最佳方式来安排尺寸文本和尺寸箭头的位置。

文字在内,箭头在外:先将箭头移动到尺寸界线之外,然后移动文字。

文字在外,箭头在内:先将文字移动到尺寸界线之外,然后移动箭头。

文字和箭头均在外:当尺寸界线不能同时容纳箭头和文字时,将箭头和文字都放置在尺寸界线外。

文字始终保持在尺寸界线之间:文字始终放置在尺寸界线内。当尺寸界线不能容纳文字时,文字将跨越尺寸界线显示。

若不能放在尺寸界线内,则消除箭头:若尺寸界线内没有足够的空间,则不显示箭头。

当箭头在外时,在尺寸界线之间绘制尺寸线:当箭头不放置在尺寸界线之间时,仍在尺寸界线之间绘制尺寸线。

2. 标注特征比例

注释性:指定标注是否为注释性。注释对象在模型空间或布局中显示的尺寸和比例由注释性对象及其样式控制。

按布局缩放标注:根据模型空间的当前视口和图纸空间之间的比例来计算比例因子。

使用全局比例:为所有标注指定一个比例来设置标注中的文字和箭头大小、距离或间距等。该缩放比例不影响标注的实际测量值。

文字位置:当标注文字不在默认位置时,设置文字的位置。

尺寸线旁边:将尺寸文本放在尺寸线旁边。

尺寸线上方,加引线:将尺寸文本放在尺寸线上方,并用引出线将文字与尺寸线相连。

尺寸线上方,不加引线:将尺寸文本放在尺寸线上方,不用引出线与尺寸线相连。

手动放置文字,忽略对齐方式:将忽略对标注文字水平对正的设置,将文字放置在"尺寸线位置"中所指定的位置。

8.2.5 "主单位"选项卡

⚙"主单位"选项卡用于设置线性标注和角度标注时的尺寸单位和尺寸精度,如图 8-8 所示。

1. 线性标注

单位格式:为线性标注设置单位格式类型。单位格式类型包括"科学""小数""工程"

图 8-8 "主单位"选项卡

"建筑""分数""Windows 桌面"。

精度：设置尺寸标注的精度。

分数格式：当单位格式为"分数"或"建筑"时，设置分数的格式。

小数分隔符：当单位格式为"小数"时，设置小数的分隔符。

舍入：此选项用于设置所有标注类型的标注测量值的四舍五入规则（角度标注除外）。

前缀：为标注文字添加前缀。

后缀：为标注文字添加后缀。

2. 测量单位比例

比例因子：设置线性标注中测量值的比例因子。默认值为 1。

仅应用到布局标注：仅将比例因子应用到在布局空间视口中创建的标注。对于关联标注，不建议使用该设置。

3. 消零

前导：不显示所有十进制标注中的前导零。例如，0.250 将显示为.250。

后续：不显示所有十进制标注中的后续零。例如，9.8000 将显示为 9.8。

子单位因子：将辅单位的数量设定为一个单位。它用于在距离小于一个单位时以辅单位为单位计算标注距离。例如，如果后缀为 m 而辅单位后缀以 cm 显示，则输入 100。

子单位后缀：在标注值子单位中包含后缀。可以输入文字或使用控制代码显示特殊符号。例如，输入 cm 可将.96m 显示为 96cm。

0 英尺：对于英尺-英寸标注，如果长度小于一英尺，将不显示英尺部分。例如，0'-12"显示为 12"。

0 英寸：对于英尺-英寸标注，如果长度为整英尺数，将不显示英寸部分。例如，7'0" 显示为 7'。

4. 角度标注

单位格式：设置角度标注的单位格式，包括"十进制度数""度/分/秒""百分度""弧度"。

精度：设置角度标注的显示精度。

8.3 尺寸标注命令

8.3.1 线性标注

1. 运行方式

命令行：Dimlinear（DIMLIN）。

功能区："注释"→"标注"→"线性标注"命令。

工具栏："标注"→"线性标注"图标 ⊢ 。

线性标注指标注图形对象在水平方向、垂直方向或指定方向上的尺寸，它又分为"水平标注""垂直标注""旋转标注"3 种类型。

在创建一个线性标注后，可以添加"基线标注"或者"连续标注"。基线标注是以同一尺寸界线来测量的多个标注。连续标注是首尾相连的多个标注。

2. 操作步骤

用"线性标注"命令标注如图 8-9 所示 AB、BC 和 CD 段尺寸，具体操作步骤如下。

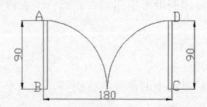

图 8-9　用"线性标注"命令标注

命令: Dimlinear   执行"线性标注"命令
指定第一条尺寸界线原点或 <选择对象>:   拾取点 A
指定第二条尺寸界线原点: 拾取点 B
指定尺寸线位置或[多行文字(M)/文字(T)/角度(A)/水平(H)/垂直(V)/旋转(R)]:
                                                 指定一点,确定标注线的位置
标注注释文字 = 90   提示标注文字是 90

执行"线性标注"命令后,中望 CAD 命令行提示:"指定第一条延伸线原点或<选择对象>:",按 Enter 键以后出现:"指定第二条延伸线原点:",完成命令后命令行出现:"多行文字(M)/文字(T)/角度(A)/水平(H)/垂直(V)/旋转(R):"。

⚙ "线性标注"命令的选项介绍如下。

多行文字(M):选择该项后,系统打开"文本格式"对话框,用户可在对话框中输入指定的标注文字。

文字(T):选择该项后,可直接输入标注文字。

角度(A):选择该项后,系统提示输入"指定标注文字的角度",用户可输入标注文字的新角度。

水平(H):创建水平方向的线性标注。

垂直(V):创建垂直方向的线性标注。

旋转(R):该项可创建旋转尺寸标注,在命令行输入所需的旋转角度。

3. 注意

用户使用选择对象的方式来标注时,必须采用点选的方法,如果同时打开目标捕捉方式,可以更准确、快速地标注尺寸。

许多用户在标注尺寸时,总结出鼠标三点法——点起点、点终点,然后点尺寸位置,标注完成。

8.3.2 对齐标注

1. 运行方式

命令行:Dimaligned (DAL)。

功能区:"注释"→"标注"→"对齐标注"命令。

工具栏:"标注"→"对齐标注"图标 ✎。

对齐标注用于创建平行于所选对象,或平行于两尺寸界线源点连线直线型的标注。

2. 操作步骤

用"对齐标注"命令标注如图 8-10 所示 BC 段的尺寸,具体操作步骤如下。

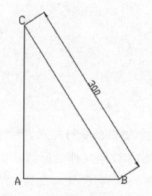

图 8-10　用"对齐标注"命令标注

命令: Dimaligned	执行"对齐标注"命令
指定第一条尺寸界线原点或 <选择对象>:	拾取 B 点
指定第二条尺寸界线原点:	拾取 C 点
指定尺寸线位置或 [角度(A)/多行文字(M)/文字(T)]:	指定一点,确定标注线的位置
标注注释文字 = 300	提示标注文字是 300

⚙ "对齐标注"命令的选项介绍如下。

多行文字(M)：选择该项后,系统打开"文本格式"对话框,用户可在对话框中输入指定的标注文字。

文字(T)：在命令行中直接输入标注文字内容。

角度(A)：选择该项后,系统提示输入"指定标注文字的角度:",用户可输入标注文字角度的新值来修改尺寸的角度。

3. 注意

"对齐标注"命令一般用于倾斜对象的尺寸标注。标注时系统能自动将尺寸线调整为与被标注线段平行,而无须用户自己设置。

8.3.3　基线标注

1. 运行方式

命令行：Dimbaseline (DIMBASE)。

功能区："注释"→"标注"→"基线标注"命令。

工具栏："标注"→"基线标注"图标 。

基线标注以一个统一的基准线为标注起点,所有尺寸线都以该基准线为标注的起始位置,以继续建立线性、角度或坐标的标注。

2. 操作步骤

用"基线标注"命令标注如图 8-11 所示图形中 B 点、C 点、D 点距 A 点的水平方向距离的长度尺寸。操作步骤如下。

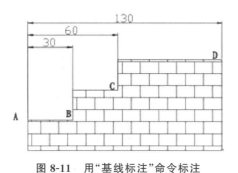

图 8-11 用"基线标注"命令标注

命令: Dimlinear	执行"线性标注"命令
指定第一条尺寸界线原点或 <选择对象>:	拾取 A 点
指定第二条尺寸界线原点:	拾取 B 点
指定尺寸线位置或[多行文字(M)/文字(T)/角度(A)/水平(H)/垂直(V)/旋转(R)]:	
	在线段 AB 上方拾取一点,确定标注线的位置
标注注释文字 = 30	提示标注文字是 30
命令: Dimbaseline	执行"基线标注"命令
指定下一条延伸线的起始位置或 [放弃(U)/选取(S)]<选取>:	拾取 C 点,选择尺寸界线定位点
标注注释文字 = 60	提示标注文字是 60
指定下一条延伸线的起始位置或 [放弃(U)/选取(S)]<选取>:	拾取 D 点,选择尺寸界线定位点
标注注释文字 = 130	提示标注文字是 130
指定下一条延伸线的起始位置或 [放弃(U)/选取(S)]<选取>:	按 Enter 键,完成基线标注
选取基准标注:	再按 Enter 键结束命令

3. 注意

(1) 在进行基线标注前,必须先创建或选择一个线性、角度或坐标标注作为基准标注。

(2) 在使用基线标注命令进行标注时,尺寸线之间的距离由用户所选择的标注格式确定,标注时不能更改。

8.3.4 连续标注

1. 运行方式

命令行:Dimcontinue (DCO)。

功能区:"注释"→"标注"→"连续标注"命令。

工具栏:"标注"→"连续标注"图标 ⊬⊦ 。

连续标注用于连接上个标注,以继续建立线性、弧长、坐标或角度的标注。程序将基准标注的第二尺寸界线作为下个标注的第一条尺寸界线。

2. 操作步骤

用"连续标注"命令标注的操作方法与"基线标注"命令类似,如图 8-12 所示标注 A 点、B 点、C 点、D 点之间水平距离的长度尺寸。操作步骤如下。

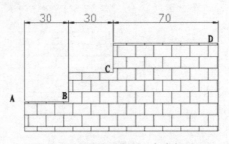

图 8-12　用"连续标注"命令标注

命令: Dimlinear	执行"线性标注"命令
指定第一条尺寸界线原点或 <选择对象>:	拾取 A 点
指定第二条尺寸界线原点:	拾取 B 点
指定尺寸线位置或[多行文字(M)/文字(T)/角度(A)/水平(H)/垂直(V)/旋转(R)]:	
	在线段 AB 上方拾取一点
标注注释文字 = 30	提示标注文字是 30
命令: Dimcontinue	执行"连续标注"命令
指定下一条延伸线的起始位置或 [放弃(U)/选取(S)] <选取>:	拾取 C 点,选择尺寸界线定位点
标注注释文字 = 30	提示标注文字是 30
指定下一条延伸线的起始位置或 [放弃(U)/选取(S)] <选取>:	拾取 D 点,选择尺寸界线定位点
标注注释文字 = 70	提示标注文字是 70
指定下一条延伸线的起始位置或 [放弃(U)/选取(S)] <选取>:	按 Enter 键,完成连续标注
选择连续标注:	再按 Enter 键结束命令

3. 注意

在进行连续标注前,必须先创建或选择一个线性、角度或坐标标注作为基准标注。

8.3.5　直径标注

1. 运行方式

命令行: Dimdiameter (DIMDIA)。

功能区:"注释"→"标注"→"直径标注"命令。

工具栏:"标注"→"直径标注"图标 ⃠。

直径标注用于标注圆或圆弧的直径尺寸。

2. 操作步骤

用"直径标注"命令标注图 8-13 所示的圆或圆弧的直径或半径,具体操作步骤如下。

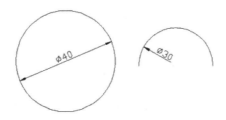

图 8-13 用"直径标注"命令标注圆的直径

命令：Dimdiameter	执行"直径标注"命令
选取弧或圆：	选择标注对象
标注注释文字 = 40	提示标注文字是 40
指定尺寸线位置或 [角度(A)/多行文字(M)/文字(T)]:	在圆内拾取一点,确认尺寸线位置

用户若有需要,可根据提示输入字母,进行选项设置。各选项含义与对齐标注的同类选项相同。

3. 汪意

在任意拾取一点选项中,可直接拖动鼠标确定尺寸线位置,屏幕将显示其变化。

8.3.6 半径标注

1. 运行方式

命令行：Dimradius（DIMRAD）。

功能区："注释"→"标注"→"半径标注"命令。

工具栏："标注"→"半径标注"图标 ◎ 。

半径标注用于标注所选定的圆或圆弧的半径尺寸。

2. 操作步骤

用"半径标注"命令标注图 8-14 所示的圆弧的半径,具体操作步骤如下。

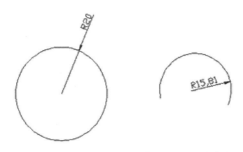

图 8-14 用"半径标注"命令标注圆弧的半径

命令：Dimradius	执行"半径标注"命令
选取弧或圆：	选择标注对象
标注注释文字 = 20	提示标注文字是 20
指定尺寸线位置或 [角度(A)/多行文字(M)/文字(T)]：	在圆内拾取一点,确认尺寸线位置

用户若有需要,可根据提示输入字母,进行选项设置。各选项含义与对齐标注的同类选项相同。

3. 注意

执行命令后,系统会在测量数值前自动添加上半径符号"R"。

8.3.7　圆心标注

1. 运行方式

命令行：Dimcenter(DCE)。

功能区："注释"→"标注"→"圆心标注"命令。

工具栏："标注"→"圆心标注"图标 ⊕ 。

圆心标注是绘制在圆心位置的特殊标注。

2. 操作步骤

执行"圆心标注"命令后,使用对象选择方式选取所需标注的圆或圆弧,系统将自动标注该圆或圆弧的圆心位置。用"圆心标注"命令标注图 8-15 所示圆的圆心,具体操作步骤如下。

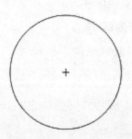

图 8-15　用"圆心标注"命令标注圆的圆心

命令：Dimcenter	执行"圆心标注"命令
选取弧或圆：	选择要标注的圆,系统将自动标注该圆的圆心位置

3. 注意

用可以在"标注样式"→"符号和箭头"→"圆心标注"→"标注大小"中来改变圆心标注的大小(图 8-15)。

8.3.8 角度标注

1. 运行方式

命令行：Dimangular(DAN)。

功能区："注释"→"标注"→"角度标注"命令。

工具栏："标注"→"角度标注"图标 ◬。

角度标注命令用于在圆、弧、任意两条不平行直线的夹角或两个对象之间创建角度标注。

2. 操作步骤

用"角度标注"命令标注如图 8-16 所示图形中的角度,操作步骤如下。

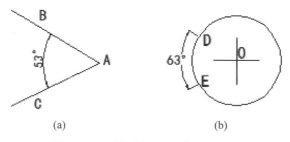

(a)   (b)

图 8-16 用"角度标注"命令标注角度

命令：Dimangular	执行"角度标注"命令
选择直线、圆弧、圆或 <指定顶点>:	拾取 AB 边
选取角度标注的另一条直线:	拾取 AC 边
指定标注弧线的位置或 [多行文字(M)/文字(T)/角度(A)]:	
拾取夹角内一点	确定尺寸线的位置
标注注释文字 = 53	提示标注文字是 53
命令：Dimangular	执行"角度标注"命令
选择直线、圆弧、圆或 <指定顶点>:	拾取图 8-16(b)中 D 点
指定角的第二个端点:	拾取圆上的 E 点
指定标注弧线的位置或 [多行文字(M)/文字(T)/角度(A)]:	拾取圆外一点,确定尺寸线的位置
标注注释文字 = 63	提示标注文字是 63

✿ 用户在创建"角度标注"命令时,命令栏提示"选择直线、圆弧、圆或<指定顶点>:",根据不同需要选择不同的操作,不同操作的含义和功能说明如下。

选择直线：如果选取直线,此时命令栏提示"选取角度标注的另一条直线:"。选择第二条直线后,系统会自动测量两条直线的夹角。若两条直线不相交,系统会将其隐含的交点作为顶点。

选择圆弧：选取圆弧后,系统会标注这个弧,并以弧的圆心作为顶点。弧的两个端点成为尺寸界线的起点,中望CAD将在尺寸界线之间绘制一段与所选圆弧平行的圆弧作为尺寸线。

选择圆：选择该圆后,系统把该拾取点当作角度标注的第一个端点,圆的圆心作为角度的顶点,此时系统提示"指定角的第二个端点:",在圆上拾取一点即可。

完成选择对象操作后在命令行中会出现："指定标注弧线的位置或［多行文字(M)/文字(T)/角度(A)］:"用户若有需要,可根据提示输入字母,进行选项设置。各选项含义与对齐标注的同类选项相同。

3. 注意

如果用户选择圆弧,则系统直接标注其角度;如果用户选择圆、直线顶点,则系统会继续提示要求用户选择角度标注的末点。

8.3.9 引线标注

1. 运行方式

命令行：Leader (LEAD)。

引线标注不仅可以标注特定的尺寸,还可以在图中添加多行旁注和说明。引线标注中的指引线可以是折线,也可以是曲线;指引线端部可以有箭头,也可以没有箭头。

"引线标注"命令用于创建注释和引线,表示文字和相关的对象。

2. 操作步骤

用"引线标注"命令标注如图8-17所示关于圆孔的说明文字,操作步骤如下。

图8-17 用"引线标注"命令标注

命令：Leader	执行"引线标注"命令
指定引线起点：	确定引线起始端点
指定下一点：	确定下一点
指定下一点或［注释(A)/格式(F)/撤销(U)］<注释>：	确认终点
指定下一点或［注释(A)/格式(F)/放弃(U)］<注释>：	按 Enter 键进入下一步
输入注释文字的第一行或 <选项>：注意四孔去除所有的锋利的边	输入文字后,按 Enter 键完成命令

执行"引线标注"命令的过程中,中望 CAD 命令行提示："输入注释文字的第一行或 <选项>:",若此时不输入文字,直接按 Enter 键,命令行会出现："输入标注文字选项［块(B)/复制(C)/无(N)/公差(T)/多行文字(M)］<多行文字>:"的提示,再按 Enter 键打

开"文本格式"对话框,可在对话框中输入多行文字。

⚙ "引线标注"命令的选项介绍如下。

块(B):选此选项后,系统提示"插入图块或[列出图中块(?)]:",输入块名后出现"指定块的插入点或[基点(B)/比例(S)/X/Y/Z/旋转(R)]:",提示中的选项含义与插入块时的提示相同。

复制(C):选此选项后,可复制选取的文字、多行文字对象、带几何公差的特征控制框或块对象,并将副本插入引线的末端。

无(N):选此选项表示不输入注释文字。

公差(T):选此选项后,系统打开"几何公差"对话框,在此对话框中,可以设置各种几何公差。

多行文字(M):选此选项后,系统打开"文本格式"对话框,在此对话框中可以输入多行文字作为注释文字。

3. 注意

在创建引线标注时,常遇到文本与引线的位置不合适的情况,用户可以通过夹点编辑的方式来调整引线与文本的位置。当用户移动引线上的夹点时,文本不会移动,而移动文本时,引线也会随着移动。

8.3.10 快速标注

1. 运行方式

命令行:Qdim。

功能区:"注释"→"标注"→"快速标注"命令。

工具栏:"标注"→"快速标注"图标 ⚡。

快速标注能一次标注多个对象,可以对直线、多段线、正多边形、圆环、点、圆和圆弧(圆和圆弧只有圆心有效)同时进行标注。可以标注成基准型、连续型或坐标型等。

2. 操作步骤

用"快速标注"命令的操作步骤如下。

命令:Qdim	执行"快速标注"命令
选择要标注的几何图形:	选取要标注的几何对象
找到 1 个	提示选择对象的数量
选择要标注的几何图形:	按 Enter 键确定
指定尺寸线位置或[连续(C)/并列(S)/基线(B)/坐标(O)/半径(R)/直径(D)/基准点(P)/编辑(E)/设置(T)]<半径>:	指定一点,确定标注位置

⚙ "快速标注"命令的选项介绍如下。

连续（C）：选此选项后，可进行一系列连续尺寸的标注。

并列（S）：选此选项后，可标注一系列并列的尺寸。

基线（B）：选此选项后，可进行一系列的基线尺寸的标注。

坐标（O）：选此选项后，可进行一系列的坐标尺寸的标注。

半径（R）：选此选项后，可进行一系列的半径尺寸的标注。

直径（D）：选此选项后，可进行一系列的直径尺寸的标注。

基准点（P）：为基线类型的标注定义了一个新的基准点。

编辑（E）：选项可用来对系列标注的尺寸进行编辑。

设置（T）：为指定尺寸界线原点设置默认对象捕捉。

执行快速标注命令并选择几何对象后，命令行提示："［连续（C）/并列（S）/基线（B）/坐标（O）/半径（R）/直径（D）/基准点（P）/编辑（E）/设置（T）］<连续>:"，如果输入 E 选择"编辑"项，命令栏会提示："指定要删除的标注点或［添加（A）/退出（X）］<退出>:"，用户可以删除不需要的有效点，或通过"添加（A）"选项添加有效点。

如图 8-18 所示系统显示快速标注的有效点，图 8-19 为删除中间有效点后的标注。

图 8-18　快速标注的有效点　　　　　图 8-19　删除中间有效点后的标注

8.4　尺寸标注编辑

用户要对已存在的尺寸标注进行修改，这时不必将需要修改的对象删除，再进行重新标注，可以用一系列尺寸标注编辑命令进行修改。

8.4.1　编辑标注

1. 运行方式

命令行：Dimedit(DED)。

功能区："注释"→"标注"→"编辑标注"命令。

工具栏："标注"→"编辑标注"图标 。

"编辑标注"命令可用于对尺寸标注的尺寸文字的位置、角度等进行编辑。

2. 操作步骤

用"编辑标注"命令将图 8-20(a)中的尺寸标注改为图 8-20(b)的效果。

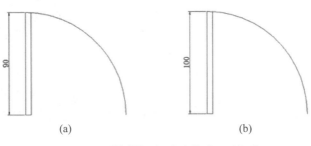

图 8-20　用"编辑标注"命令修改尺寸标注

命令: Dimedit	执行"编辑标注"命令
输入标注编辑类型 [默认(H)/新建(N)/旋转(R)/倾斜(O)] <默认>: N	输入 N,选择"新建"选项
弹出"文本格式"对话框	输入新标注文字 100
选择要用新文字替换的标注:	选取图 8-20(a)中的尺寸标注
找到 1 个	提示已选中对象的数量
选择要用新文字替换的标注:	按 Enter 键确定修改

✿ "编辑标注"命令的选项介绍如下。

默认(H): 执行此项后,尺寸标注恢复成默认设置。

新建(N): 用来修改指定标注的标注文字。执行该项后,系统弹出"文本格式"对话框,用户可在此输入新的文字。

旋转(R): 执行该选项后,系统提示"指定标注文字的角度",用户可在此输入所需的旋转角度;然后,系统提示"选择对象",选取对象后,系统将选中的标注文字按输入的角度放置。

倾斜(O): 设置线性标注尺寸界线的倾斜角度。执行该选项后,系统提示"选择对象",在用户选取目标对象后,系统提示"输入倾斜角度",在此输入倾斜角度或按 Enter 键(不倾斜),系统按指定的角度调整线性标注尺寸界线的倾斜角度。

用"倾斜"选项将图 8-21(a)中的尺寸标注修改为图 8-21(b)中的效果。

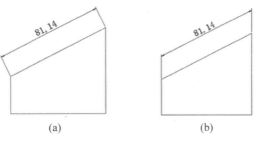

图 8-21　用"倾斜"选项修改尺寸

命令：Dimedit	执行"编辑标注"命令
输入标注编辑类型 [默认(H)/新建(N)/旋转(R)/倾斜(O)] <默认>：O	输入 O,选择"倾斜"选项
选择要倾斜的线性标注：	选取图 8-21(a)中的尺寸标注
找到 1 个	提示已选中对象的数量
选择要倾斜的线性标注：	按 Enter 键结束对象选择
输入倾斜角度:90	输入倾斜角度,按 Enter 键完成命令

3. 注意

(1) 标注菜单中的"倾斜"项,执行的就是选择了"倾斜"选项的"编辑标注"命令。

(2) "编辑标注"命令可以同时对多个标注对象进行操作。

(3) "编辑标注"命令不能修改尺寸文本放置的位置。

8.4.2　编辑标注文字

1. 运行方式

命令行：Dimtedit。

功能区："注释"→"标注"→"编辑标注文字"命令。

工具栏："标注"→"编辑标注文字"图标 ⫶。

"编辑标注文字"命令可以重新定位标注文字位置。

2. 操作步骤

用"编辑标注文字"命令将图 8-22(a)中的尺寸标注改为图 8-22(b)的效果。

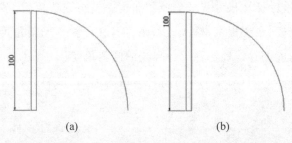

(a)　　　　　　　　　　(b)

图 8-22　用"编辑标注文字"命令修改尺寸

命令：Dimtedit	执行"编辑标注文字"命令
选择标注：	选取尺寸标注
指定标注文字的新位置或 [左对齐(L)/右对齐(R)/中心对齐(C)/默认(H)/角度(A)]: R	输入 R,按 Enter 键完成命令

⚙ "编辑标注文字"命令选项的介绍如下。

左对齐(L)：选择此项后,可以将标注文字沿尺寸线左对齐。

右对齐（R）：选择此项后,可以将标注文字沿尺寸线右对齐。

中心对齐（C）：选择此项后,可将标注文字移到尺寸线的中间。

默认（H）：执行此项后,尺寸标注恢复成默认设置。

角度（A）：将所选标注文字旋转一定的角度。

3. 注意

（1）用户还可以用"编辑标注"命令来修改标注文字,但"编辑标注"命令无法对尺寸文字重新定位,要"编辑标注文字"命令才可以对尺寸文字重新定位。"编辑标注"命令的使用方法可以看 7.3 节的介绍。

（2）在对尺寸标注进行修改时,如果对象的修改内容相同,则用户可选择多个对象一次性完成修改。

（3）如果对尺寸标注进行了多次修改,要想恢复原来的标注,可在命令行输入Dimreassoc,然后根据系统提示选择对象,选择尺寸标注按 Enter 键后就恢复了原来的标注。

（4）"编辑标注文字"命令中的"左对齐(L)/右对齐(R)"选项仅对长度型、半径型、直径型标注起作用。

9 图块、属性及外部参照

本章主要学习在中望 CAD 中如何建立、插入与重新定义图块,定义与编辑属性,属性块的制作与插入,使用外部引用等以提高绘图效率。

块、布局

9.1 图块的制作与使用

图块的运用是中望 CAD 的一项重要功能。图块就是将多个实体组合成一个整体,并命名保存,图形编辑中将这个整体视为一个实体。一个图块包括可见的实体如线、圆弧、圆以及可见或不可见的属性数据。例如一张桌子,它由桌面、桌腿、抽屉等组成,绘制图形时均需绘制桌面、桌腿、抽屉等部分,不仅烦琐,而且重复。如果将桌面、桌腿、抽屉等部件组合起来,定义成名为"桌子"的一个图块,只需将图块以不同的比例插入图形中即可。图块能更好地组织工作,快速创建与修改图形,减少图形文件的大小。使用图块,可以创建符号库,以图块的形式插入。

创建图块并保存,根据制图需要在不同地方插入一个或多个图块,同时修改图块的定义,图形中所有的图块引用体都会自动更新。

图块中的实体绘制在 0 层,且"颜色与线型"两个属性定义为"随层",插入后会被赋予插入层的颜色与线型属性。相反,图块中的实体绘制在非 0 层,且"颜色与线型"两个属性不是"随层",则插入后保留原先的颜色与线型属性。

新定义的图块中的图块(嵌套),可以将小的元素链接到更大的集合,且在图形中要插入该集合时,嵌套功能将发挥更大的作用。

9.1.1 内部块定义

中望 CAD 中图块分为内部块和外部块两类,本节将介绍运用"创建块"和"写块"命令定义内部块和外部块的操作。

1. 运行方式

命令行：Block(B)。

功能区："插入"→"块"→"创建块"命令。

工具栏："绘图"→"块"→"创建块"图标 ⌷。

中望 CAD 绘图工具栏中,选取"创建块 ⌷"图标,系统弹出如图 9-1 所示的对话框。

图 9-1 "块定义"对话框

用"创建块"命令定义的图块在定义图块的图形中调用,这样的图块被称为内部块。

2. 操作步骤

用"创建块"命令将如图 9-2 所示的大床定义为内部块,操作步骤如下。

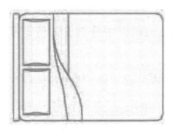

图 9-2 床的图形

命令:Block	执行"创建块"命令
在块定义对话框中输入块的名称:大床	输入新块名称,如图 9-3 所示
指定基点:点床的左下角	先单击"拾取基点"按钮,再指定
选取对象:	单击床的右下角,框选整个床
找到 16 个	提示已选中对象数
单击"确定"完成定义内部块操作	

图 9-3　定义大床为内部块

执行"创建块"命令后,打开"块定义"对话框用于图块的定义,如图 9-1 所示。该对话框中部分选项功能介绍如下。

名称:此框用于输入图块名称,下拉列表框中列出图形中已经定义过的图块名。

说明:设置块的文字说明。

基点:该区域用于指定图块的插入基点。用户可以通过"拾取基点"按钮或输入坐标值确定图块的插入基点。

拾取基点:单击该按钮,"块定义"对话框暂时消失,此时需用户使用鼠标在图形屏幕上拾取所需点作为图块插入基点。拾取基点结束后,返回到"块定义"对话框,X、Y、Z 文本框中将显示该基点的 X、Y、Z 坐标值。

X、Y、Z:在该区域的 X、Y、Z 编辑框中分别输入所需基点的相应坐标值,以确定出图块插入基点的位置。

对象:该区域用于确定图块的组成实体,其中各选项功能如下。

(1)**选择对象**:单击该按钮,"块定义"对话框暂时消失,此时用户需在图形屏幕上用任意目标选取方式选取块的组成实体,实体选取结束后,系统自动返回对话框。

(2)**快速选择对象**:单击"快速选择"按钮 ，开启"快速选择"对话框,通过过滤条件构造对象。将最终的结果作为所选择的对象。

(3)**保留对象**:选择此单选项后,所选取的实体生成块后仍保持原状,即在图形中以原来的独立实体形式保留。

(4)**转换为块**:选择此单选项后,所选取的实体生成块后在原图形中也转变成块,即在原图形中所选实体将具有整体性,不能用普通命令对其组成目标进行编辑。

（5）**删除对象**：选择此单选项后，所选取的实体生成块后将在图形中消失。

3．注意

（1）为了使图块在插入当前图形中时能够准确定位，需给图块指定一个插入基点，以其作为参考点将图块插入图形中的指定位置。同时，如果图块在插入时需旋转角度，该基点将作为旋转轴心。

（2）当用"擦除"命令删除了图形中插入的图块后，其块定义依然存在，且储存在图形文件内部，占用磁盘空间。可用"清除"命令中的"块"选项清除图形文件中无用的、多余的块定义以减小文件的字节数。

（3）中望 CAD 允许图块的多级嵌套。嵌套块不能与其内部嵌套的图块同名。

9.1.2　写块

1．运行方式

命令行：Wblock。

功能区："插入"→"块"→"写块"命令 ⬚。

"写块"命令可以看成是 Write 加 Block，也就是写块。"写块"命令可将图形文件中的整个图形、内部块或某些实体写入一个新的图形文件，其他图形文件均可以将它作为块调用。"写块"命令定义的图块是一个独立存在的图形文件，相对于"创建块"、Bmake 命令定义的内部块，它被称作外部块。

执行"写块"命令后，系统弹出如图 9-4 所示的"保存块到磁盘"对话框。

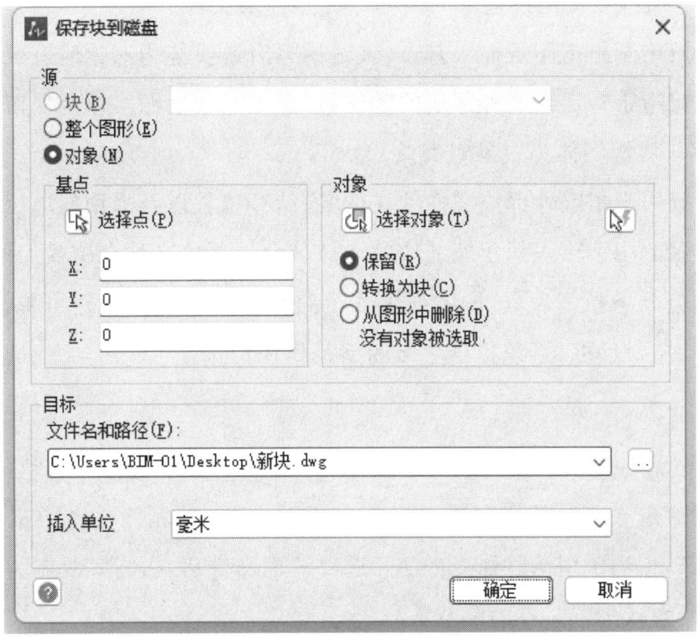

图 9-4　"保存块到磁盘"对话框

2. 操作步骤

用"写块"命令将图 9-5 所示的汽车定义为外部块(写块),操作步骤如下。

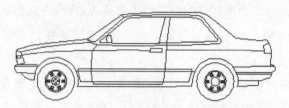

图 9-5　将汽车定义为外部块

命令: Wblock	执行"写块"命令,弹出"保存块到磁盘"对话框
选取源栏中的整个图形选框	将写入外部块的源指定为整个图形
单击选择对象图标,选取汽车图形	指定对象
在目标对话框中输入 car side	确定外部块名称
单击"确定"按钮:	完成定义外部块操作

✿写块对话框各选项介绍如下。

源：该区域用于定义写入外部块的源实体,包括如下内容。

(1) **块**：该单选项指定将内部块写入外部块文件,可在其后的输入框中输入块名,或在下拉列表框中选择需要写入文件的内部图块的名称。

(2) **整个图形**：该单选项指定将整个图形写入外部块文件。该方式生成的外部块的插入基点为坐标原点(0,0,0)。

(3) **对象**：该单选项将用户选取的实体写入外部块文件。

基点：该区域用于指定图块插入基点,该区域只对源实体为对象时有效。

对象：该区域用于指定组成外部块的实体,以及生成块后源实体是保留、消除还是转换成图块。该区域只对源实体为对象时有效。

目标：该区域用于指定外部块文件的文件名、储存位置以及采用的单位制式。

文件名和路径：用于输入新建外部块的文件名及外部块文件在磁盘上的储存位置和路径。单击输入框打开下拉列表框,框中列出几个路径供用户选择。还可单击右边的 ▢ 按钮,弹出浏览文件夹对话框,系统提供更多的路径供用户选择。

3. 注意

(1) 用"写块"命令定义的外部块其实就是一个 DWG 图形文件。当"写块"命令将图形文件中的整个图形定义成外部块写入一个新文件时,它自动删除文件中未用的层定义、块定义、线型定义等,相当于用清除命令的 All 选项清理文件后,再将其复制为一个新生文件,与原文件相比,大大减少了文件的字节数。

（2）所有的 DWG 图形文件均可视为外部块插入其他的图形文件中，不同的是，用"写块"命令定义的外部块文件的插入基点是由用户设定好的，而用新建命令创建的图形文件，在插入其他图形中时将以坐标原点(0,0,0)作为插入基点。

9.1.3　插入块

本节主要介绍如何在图形中调用已定义好的图块，以提高绘图效率。调用图块的命令包括单图块插入（Insert）、等分插入图块（Divide）、等距插入图块（Measure）。"等分插入图块"和"等距插入图块"命令可参见 4.5 节。本节主要讲解单图块插入命令的使用方法。

1. 运行方式

命令行：Insert。

功能区："插入"→"块"→"单图块插入"命令。

工具栏："插入"→"单图块插入"图标 。

当前图形中插入图块或图形。插入的图块作为一个单个的实体插入当前图形中。如果改变原始图形，不会对该图块产生影响。

当插入图块或图形时，必须定义插入点、比例、旋转角。插入点是定义图块时的引用点。当把图形当作图块插入时，程序把定义的插入点作为图块的插入点。

执行"单图块插入"命令后，系统弹出如图 9-6 所示对话框。

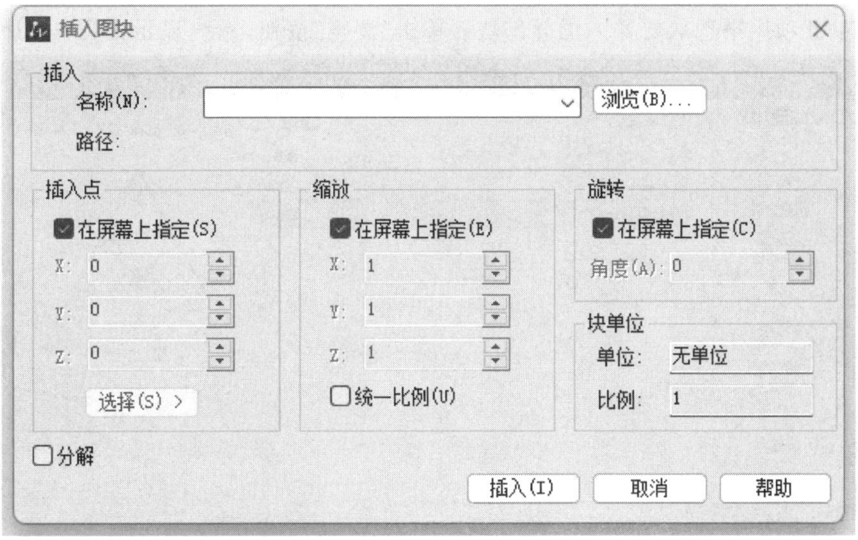

图 9-6　"插入图块"对话框

2. 操作步骤

用"单图块插入"命令在如图 9-7 所示图形中插入一张床,操作步骤如下。

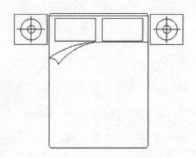

图 9-7　用"单图块插入"命令插入一张床

命令:Insert	执行"单图块插入"命令,弹出"插入图块"对话框
在插入栏中选择 Double Bed Plan 块	在"插入图块"对话框中,插入 Double Bed Plan 块
在三栏中均选择"在屏幕上指定"	确定定位图块方式
单击对话框的"确定"按钮	对话框消失,提示指定插入点
指定块的插入点或"基点(B)/比例(S)/X/Y/Z/旋转(R)":	指定图块插入点
X 比例因子或"角(C)/XYZ"<1>:	按 Enter 键选默认值,确定插入比例
输入 Y 比例因子 <等于 X 比例 (1)>:	按 Enter 键选默认值,确定插入比例
指定块的旋转角度 < 0.0000 >:90	设置插入图块的旋转角度,结果如图 9-7 所示

✦ "插入图块"对话框各选项的介绍如下。

名称:该下拉列表框中选择欲插入的内部块名。如果没有内部块,则是空白。

浏览:此项用来选取要插入的外部块。单击"浏览"按钮,系统显示如图 9-8 所示"插入

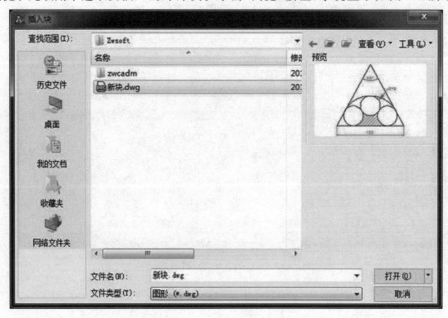

图 9-8　选择插入图形

块"对话框,选择要插入的外部图块文件路径及名称,单击"打开"按钮。回到图 9-6 所示对话框,单击"确定"按钮,此时命令行提示指定插入点,键入插入比例、块的旋转角。完成命令后,外部图块就插入指定插入点。

插入点(X、Y、Z):此三项输入框用于输入坐标值,确定在图形中的插入点。当选"在屏幕上指定"后,此三项呈灰色,不可用。

缩放(X,Y,Z):此三项输入框用于预先输入图块在 X 轴、Y 轴、Z 轴方向上缩放的比例因子。这三个比例因子可相同,也可不同。当选用"在屏幕上指定"后,此三项呈灰色,不可用。缺省值为 1。

旋转:图块在插入图形中时可任意改变其角度,在此输入框指定图块的旋转角度。当选用"在屏幕上指定"后,此项呈灰色,不可用。

在屏幕上指定:勾选此复选框,将在插入时对图块定位,即在命令行中定位图块的插入点,X、Y、Z 轴方向上的比例因子和旋转角;不勾选此复选框,则需键入插入点的坐标比例因子和旋转角。

分解:该复选框用于指定是否在插入图块时将其炸开,使它恢复到元素的原始状态。当炸开图块时,仅仅是被炸开的图块引用体受影响。图块的原始定义仍保存在图形中,仍能在图形中插入图块的其他副本。如果炸开的图块包括属性,属性会丢失,但原始定义的图块的属性仍保留。炸开图块使图块元素进入到它们的下一级状态。

统一比例:该复选框用于统一三个轴向上的缩放比例。选用此项,Y、Z 框呈灰色,在 X 框输入的比例因子,在 Y、Z 框中同时显示。

3. 注意

(1)外部块插入当前图形后,其块定义也同时储存在图形内部,生成同名的内部块,以后可在该图形中随时调用,而无须重新指定外部块文件的路径。

(2)外部块文件插入当前图形后,其内包含的所有块定义(外部嵌套块)也同时带入当前图形中,并生成同名的内部块,以后可在该图形中随时调用。

(3)图块在插入时如果选择了插入时炸开图块,插入后图块自动分解成单个的实体,其特性如层、颜色、线型等也将恢复为生成块之前实体具有的特性。

(4)如果插入的是内部块,则直接输入块名即可;如果插入的是外部块,则需要给出块文件的路径。

9.1.4 块编辑器

1. 运行方式

命令行:Bedit。

功能区:"插入"→"块"→"块编辑器"命令。

工具栏:"工具"→"块编辑器"图标 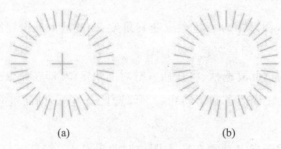。

块编辑器包含一个特殊的编写区域,在该区域中,用户可以像在绘图区域中一样绘制和编辑几何图形,从而实现对所选块进行数据修改。

2. 操作步骤

用"块编辑器"命令删除图 9-9(a)所示图块的中心标记,修改成如图 9-9(b)所示,操作步骤如下。

    (a)   (b)

图 9-9 用"块编辑器"命令修改图块

(1) 执行"块编辑器"命令,在左边的列表中选择要编辑的块,可在对话框中看到预览效果和说明信息,如图 9-10 所示。

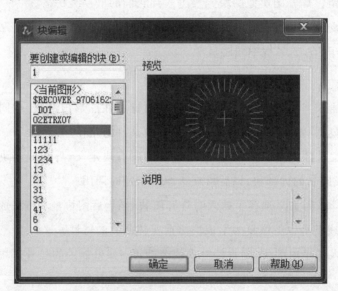

图 9-10 启动"块编辑"对话框

(2) 单击"确定"按钮,关闭"块编辑"对话框,进入一个独立的块编辑器区域,如图 9-11 所示。在此区域中,用户可以进行添加或删除对象等操作,编辑结束后再进行"保存块""将块另存为"等操作。

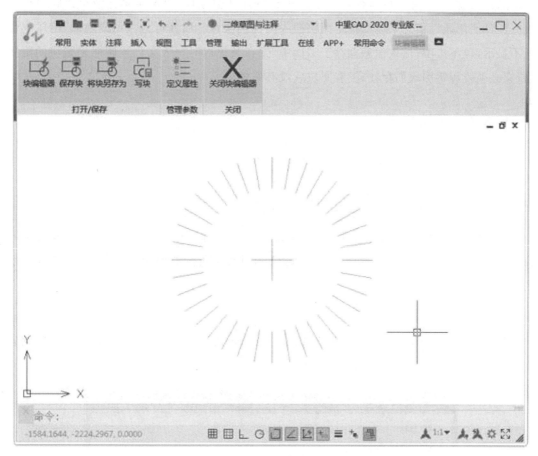

图 9-11 "块编辑"区域

（3）删除块的中心标记后单击"保存块"按钮，再单击"关闭编辑器"按钮，则退出块编辑器区域返回绘图区域，可以得到如图 9-9（b）所示的效果。

3. 注意

如果修改的是非统一比例缩放的块，Refedit 是无法运行的。当进入块编辑器环境中，Refedit 命令也无法运行。

9.2 属性的定义与使用

一个零件、符号除自身的几何形状外，还包含很多参数和文字说明信息（如规格、型号、技术说明等），中望 CAD 系统将图块所含的附加信息称为属性，如规格属性、型号属性。而具体的信息内容则称为属性值。属性可为固定值或变量值。插入包含属性的图块时，程序会新增固定值与图块到图面中，并提示要提供变量值。插入包含属性的图块时，可提取属性信息到独立文件,并使用该信息于空白表格程序或数据库,以产生零件清单或材料价目表。还可使用属性信息来追踪特定图块插入图面的次数。属性可为可见或隐藏,隐藏属性既不显示,也不出图,但该信息储存于图面中,并在被提取时写入文件。属性是图块的附属物,它必须依赖于图块而存在,没有图块就没有属性。

9.2.1 属性的定义

1. 运行方式

命令行:Attdef。

功能区:"插入"→"属性"→"定义属性"图标 ▤。

"定义属性"命令用于定义属性。将定义好的属性连同相关图形一起,用 Block/Bmake 命令定义成块(生成带属性的块),在以后的绘图过程中可随时调用它,其调用方式与一般的图块相同。

2. 操作步骤

执行"定义属性"命令后,系统弹出如图 9-12 所示对话框,属性包括"名称""提示""缺省文本",另外包括"插入坐标""属性标志位""文本"等内容。

图 9-12 "定义属性"对话框

用"定义属性"命令为图 9-13(a)所示汽车定义品牌和型号两个属性(其中型号为不可见属性),然后将其定义成一个属性块并插入当前图形中。其操作步骤如下。

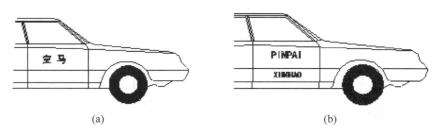

(a)   (b)

图 9-13   定义属性块并插入图形中

命令：Attdef	执行"定义属性"命令,弹出"定义属性"对话框
在"名称"框中输入 PINPAI	输入属性名称
在"提示"框中输入"请输入汽车品牌"	指定插入属性块时将提示的内容
在"属性标志位"中选择"验证"模式	设置输入属性值时对该值进行核对
在文本字体框中输入已定义的字体 HT	将属性文本的字体设为"黑体"
单击"定义"或"定义并退出"按钮	指定品牌属性的插入点,如图 9-13(b)所示,完成品牌属性的定义
命令：Attdef	执行"定义属性"命令,弹出"定义属性"对话框
在"名称"框中输入 XINGHAO	输入属性名称
在提示输入框中输入"请输入汽车型号"	指定插入属性块时将提示的内容
在"属性标志位"中选择隐藏和验证模式	设属性不可见和对属性值进行核对
在文本字体框中输入已定义的字体 HT	指定属性文本的字体为"黑体"
单击"定义"或"定义并退出"按钮	指定品牌属性的插入点,如图 9-13(b)所示,完成品牌属性的定义

⚙ "定义属性"对话框各选项的功能介绍如下。

插入坐标：指定属性的插入点位置。

（1）**在屏幕上指定**：用户可在绘图区域指定属性定义的插入点。

（2）**X/Y/Z**：在该区域的 X、Y、Z 编辑框中分别输入所需基点的相应坐标值,以确定出属性定义插入基点的位置。

名称：指定属性的名称。

提示：指定在插入包含该属性定义的块时显示的提示。如果不输入提示,属性名称将用作提示。

缺省文本：指定属性的默认文本。

属性标志位：在图形中插入块时,设置与块关联的属性值选项。其中各选项功能如下。

（1）**隐藏**：在插入块对象时,控制是否显示属性值。

（2）**固定**：在插入块对象时,控制是否赋予属性固定值。设置成固定值以后,属性的提示将不显示。

(3) **验证**：在插入块对象时，控制是否检验此属性值有效。

(4) **预置**：在插入包含有默认属性值的块对象时，控制是否将属性设置为预设值。

(5) **锁定**：在插入块对象时，控制是否锁定属性值的位置。

(6) **多行**：在插入块对象时，控制是否创建多行文字属性。

文本：设置属性文字的样式、对齐方式、高度以及转角。

定义：确定该属性的定义。不关闭对话框，可继续定义下一个属性值。

定义并退出：确定该属性的定义，并退出"定义属性"对话框。

3. 注意

(1) 属性在未定义成图块前，其属性标志只是文本文字，可用编辑文本的命令对其进行修改、编辑。只有当属性连同图形被定义成块后，其属性才能按用户指定的值插入图形中。当一个图形符号具有多个属性时，要先将其分别定义好后再将它们一起定义成块。

(2) 属性块的调用命令与普通块是一样的，只是调用属性块时的提示要多一些。

(3) 当插入的属性块被"分解"（Explode）命令分解后，其属性值将丢失而恢复成属性标志。因此用 Explode 命令对属性块进行分解要特别谨慎。

9.2.2 制作属性块

1. 运行方式

命令行：Block（B）。

功能区："插入"→"块"→"创建块"命令。

工具栏："绘图"→"块"→"创建块"图标 🔲。

制作图块就是将图形中的一个或几个实体组合成一个整体，并定名保存，以后将其作为一个实体在图形中随时调用和编辑。同样，制作属性块就是将定义好的属性连同相关图形一起，用 Block/Bmake 命令定义成块（生成带属性的块），在以后的绘图过程中可随时调用它，其调用方式跟一般的图块相同，只是后面增加了属性输入提示。

2. 操作步骤

用"创建块"命令将图 9-14 所示已定义好品牌和型号两个属性（其中型号为不可见属性）的汽车制作成一个属性块，块名为 QC，其操作步骤如下。

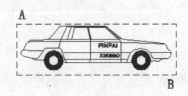

图 9-14　已定义好品牌和型号两个属性

命令:Block	执行"创建块"命令定义带属性的汽车图块
在块定义对话框中输入块的名称:QC	为属性块取名
选取对象:	拾取汽车的左上角 A 点
另一角点:	拾取汽车的另一角 B 点
找到 93 个	提示选择数量
单击"确定"按钮	暂时关闭块定义对话框
新块插入点:	拾取汽车的左下角点
弹出"编辑图块属性"对话框,如图 9-15 所示	输入汽车的品牌
单击"确定"按钮	完成属性块的创建

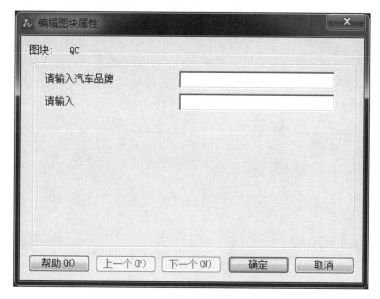

图 9-15　"编辑图块属性"对话框

9.2.3　插入属性块

1. 运行方式

命令行：Insert。

功能区："插入"→"块"→"插入块"命令。

工具栏："插入"→"插入块"图标 。

插入属性块和插入图块的操作方法是一样的,插入的属性块是一个单独实体。插入属性块,必须定义插入点、比例、旋转角。插入点是定义图块时的引用点。当把图形当作属性块插入时,程序把定义的插入点作为属性块的插入点。属性块的调用命令与普通块是一样的,只是调用属性块时提示要多一些。

2. 操作步骤

把上节制作的 QC 属性块插入图 9-16 所示的车库中,操作步骤如下。

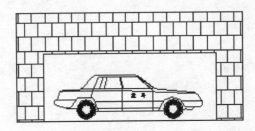

图 9-16 将属性块插入车库中

命令:Insert	执行"插入块"命令
在弹出的插入图块对话框中选择插入 QC 图块并单击"插入"按钮	选择插入块的块名
指定块的插入点或"基点(B)/比例(S)/X/Y/Z/旋转(R)":	在绘图区拾取插入基点
X 比例因子或"角(C)/XYZ" <1>:	按 Enter 键选默认值
输入 Y 比例因子 <等于 X 比例 (1)>:	按 Enter 键选默认值
指定块的旋转角度 <0>:	按 Enter 键选默认值
请输入汽车品牌 <>:宝马	输入品牌属性值
检查属性值	
请输入汽车品牌 <宝马>:	按 Enter 键
请输入汽车型号 <>:BM598	输入型号属性值
检查属性值	
请输入汽车型号 <BM598>:	按 Enter 键结束命令

9.2.4 改变属性定义

1. 运行方式

命令行:Ddedit。

功能区:"文字"→"编辑文字"命令。

工具栏:"修改"→"对象"→"编辑文字"图标 。

当用户将属性定义好后,有时可能需要更改其属性名、提示内容或默认文本,这时可用"编辑文字"命令加以修改。"编辑文字"命令只对未定义成块的或已分解的属性块的属性起编辑作用,对已做成属性块的属性只能修改其值。

2. 操作步骤

执行"编辑文字"命令后,系统提示选择修改对象,当用户选择某一属性名后,系统将弹出如图 9-17 所示对话框。

"编辑属性定义"对话框各选项的功能介绍如下。

名称:在该输入框中输入欲修改的名称。

图 9-17　"编辑属性定义"对话框

提示：在该输入框中输入欲修改的提示内容。

缺省文本：在该输入框中输入欲修改的默认文本。

完成一个属性的修改后，单击"确定"按钮退出对话框，系统再次重复提示："选择修改对象"，选择下一个属性进行编辑，直至按 Enter 键结束命令。

9.2.5　编辑图块属性

1. 运行方式

命令行：Ddatte(ATE)。

"编辑图块属性"命令用于修改图形中已插入属性块的属性值。"编辑图块属性"命令不能修改常量属性值。

2. 操作步骤

用"编辑图块属性"命令将如图 9-18(a)所示的汽车品牌属性的属性值由"宝马"改为"奔驰"，结果如图 9-18(b)所示。其操作步骤如下。

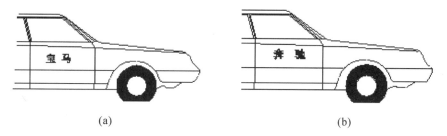

(a)　　　　　　　　　　　　　　　　　　　(b)

图 9-18　用"编辑图块属性"命令将汽车品牌属性的属性值由"宝马"改为"奔驰"

命令：Ddatte　　　　　执行"编辑图块属性"命令
选取块参照：　　　　　选择修改图 9-18(a)的属性块，弹出如图 9-19 所示"编辑图块属性"对话框
在"请输入汽车品牌"框中将"宝马"改为"奔驰"
单击"确定"按钮　　　结束命令，结果如图 9-18(b)所示

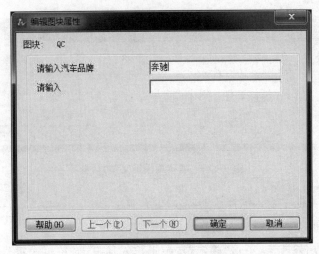

图 9-19　"编辑图块属性"对话框

9.2.6　编辑属性

1. 运行方式

命令行：Eattedit。

功能区："插入"→"属性"→"编辑属性"命令。

工具栏："修改Ⅱ"→"编辑属性"图标 ▓。

创建属性块后，用户可以对其进行编辑，"编辑属性"命令可对图形中所有的属性块进行全局性的编辑。它可以一次性对多个属性块进行编辑，对每个属性块也可以进行多方面的编辑，也可以修改属性值、属性位置、属性文本高度、角度、字体、图层、颜色等。

2. 操作步骤

执行"编辑属性"命令后，系统提示："选取带属性的块参照"，选择要修改的属性块，激活"增强属性编辑器"对话框，如图 9-20 所示。

"增强属性编辑器"对话框有三个选项卡，分别介绍如下。

（1）"属性"选项卡。

该选项卡显示了所选择"块引用"中的各属性的标记，提示和它对应的属性值。单击某一属性，就可在"值"编辑框中直接对它的值进行修改。

（2）"文字选项"选项卡，如图 9-21 所示。

可在该选项卡直接修改属性文字的样式、对齐方式、高度、文字行角度等项目。各项的含义与设置文字样式命令对应项相同。

（3）"特性"选项卡，如图 9-22 所示。

可在该选项卡的编辑框中直接修改属性文字的所在图层、颜色、线形、线宽和打印样式等特性。

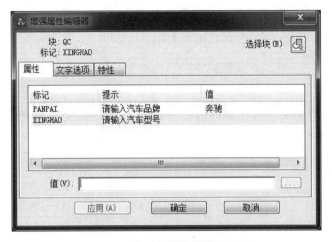

图 9-20　"增强属性编辑器"对话框

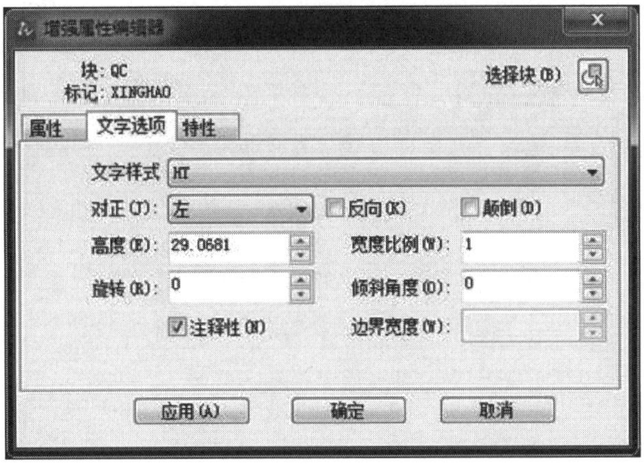

图 9-21　"文字选项"选项卡

图 9-22　"特性"选项卡

❖ "文字选项"对话框中其他项的功能说明如下。

选择块(B)：用于继续选择要编辑的块引用。

应用(A)：在保持对话框打开的情况下确认已做的修改。

3. 注意

属性不同于块中的文字标注能够明显地看出来,块中的文字是块的主体,当块是一个整体时,是不能对其中的文字对象进行单独编辑的。而属性虽然是块的组成部分,但在某种程度上又独立于块,可以单独进行编辑。

10　打印和发布图纸

输出图形是计算机绘图中的一个重要环节。在中望 CAD 中，图形可以从打印机上输出为纸制图纸，也可以用软件自带的功能输出为电子图纸。参数的设置对打印或输出的方式十分关键，本章将具体介绍如何进行图形打印和输出，重点介绍与打印有关的参数设置。

打印图纸

10.1　图形输出

输出功能是将图形转换为其他类型的图形文件，如 BMP、WMF 等，以达到和其他软件兼容的目的。

运行方式

命令行：Export(EXP)。

功能区："输出"→"输出"→"输出"图标 。

打开"输出数据"对话框，如图 10-1 所示。通过该对话框将当前图形文件输出到所选取的文件类型。

由输出对话框中的文件类型，可以看出中望 CAD 的输出文件有多种图形工作中常用的文件类型，能够保证与其他软件的兼容。使用输出功能时，会提示选择输出的图形对象，用户选择所需图形对象后，即可输出。输出后的图形与输出时中望 CAD 中绘图区域里显示的图形效果是一致的。需要注意在输出的过程中，有些图形类型发生的改变较大，中望 CAD 不能够把类型改变较大的图形重新转化为可编辑的 CAD 图形格式，如果将 BMP 文件读入后，仅可作为光栅图像使用，不可进行图形修改操作。

图 10-1　"输出数据"对话框

10.2　打印和打印参数设置

10.2.1　打印界面

打印设置

　　用户在完成某个图形绘制后,为了便于观察和实际施工制作,可将其打印输出到图纸上。打印前,首先要设置打印的一些参数,如选择打印设备、设定打印样式、指定打印区域等,这些都可以通过打印命令调出的对话框来实现。

　　运行方式

　　命令行:Plot。

功能区:"输出"→"打印"→"打印"命令。

工具栏:"文件"→"打印"图标 🖶。

设定相关参数,打印当前图形文件,"打印"对话框如图 10-2 所示。

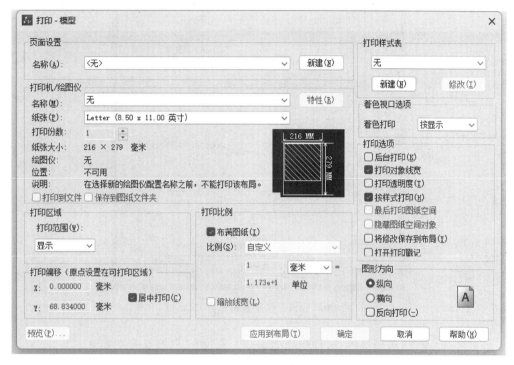

图 10-2　"打印"对话框

10.2.2　打印机设置

在"打印机/绘图仪"区域,如图 10-3 所示,可以选择用户输出图形所需的打印设备、纸张大小、打印份数等设置。

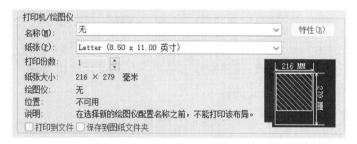

图 10-3　"打印机/绘图仪"设置

若用户要修改当前打印机配置,可单击名称后的"特性"按钮,打开"绘图仪配置编辑器"对话框,如图 10-4 所示。在该对话框中可设定打印机的输出设置,如打印介质、图形、自定义图纸尺寸等。

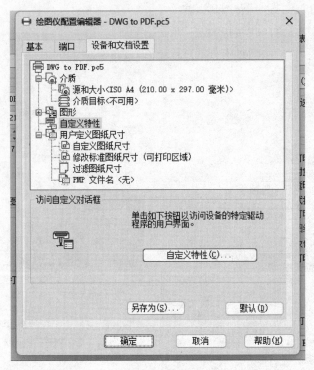

图 10-4　"绘图仪配置编辑器"对话框

⚙️"绘图仪配置编辑器"对话框中包含了 3 个选项卡,其含义分别如下。

基本：在该选项卡中查看或修改打印设备信息,包含当前配置的驱动器信息。

端口：在该选项卡中显示适用于当前配置的打印设备端口。

设备和文档设置：在该选项卡中设定打印介质、图形设置等参数。

10.2.3　打印样式表

打印样式用于修改图形打印的外观。图形中每个对象或图层都具有打印样式属性,通过修改打印样式可改变对象输出的颜色、线型、线宽等特性。如图 10-5 所示,在"打印样式表"对话框中可以指定图形输出时所采用的打印样式,在下拉列表框中有多个打印样式可供用户选择,用户也可单击"修改"按钮对已有的打印样式进行改动,如图 10-6 所示,或在下拉样式中选择"新建"选项,设置新的打印样式。

图 10-5　打印样式表设置

图 10-6　"打印样式编辑器"对话框

中望 CAD 中,打印样式分为以下两种。

(1) 颜色相关打印样式。

该种打印样式表的扩展名为 ctb,可以将图形中的每个颜色指定打印样式,从而在打印的图形中实现不同的特性设置。颜色限定 255 种索引色,真彩色和配色系统在此处不可使用。使用颜色相关打印样式表不能将打印样式指定给单独的对象或者图层。使用该打印样式时,需要先为对象或图层指定具体的颜色,然后在打印样式表中将指定的颜色设置为打印样式的颜色。指定了颜色相关打印样式表之后,可以将样式表中的设置应用到图形中的对象或图层。如果给某个对象指定了打印样式,则这种样式将取代对象所在图层所指定的打印样式。

(2) 命名相关打印样式。

根据在打印样式定义中指定的特性设置来打印图形,命名打印样式可以指定给对象,与对象的颜色无关。命名打印样式的扩展名为 stb。

10.2.4　打印区域

如图 10-7 所示,"打印区域"栏可设定图形输出时的打印区域,该栏中各选项含义如下。

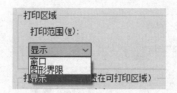

图 10-7　打印区域设置

窗口：临时关闭"打印"对话框，在当前窗口选择矩形区域，然后返回对话框，打印选取的矩形区域内的内容。此方法是选择打印区域最常用的方法，选择区域后，一般情况下希望布满整张图纸，所以打印比例选择"布满图纸"选项，以达到最佳效果。此种方式打出来的图纸比例不够精确，常用于比例要求不高的情况。

图形界限：在打印"模型"选项卡中的图形文件时，打印图形界限所定义的绘图区域。

显示：打印当前视图中的内容。

10.2.5　设置打印比例

"打印比例"中可设定图形输出时的打印比例，如图 10-8 所示。在"比例"下拉列表框中可选择用户出图的比例，如 1∶1，同时可以用"自定义"选项，在下面的框中输入比例换算方式来控制比例。"布满图纸"是根据打印图形的大小范围，自动布满整张图纸。勾选"缩放线宽"选项后，在布局中打印时，图纸所设定的线宽会按照打印比例进行放大或缩小，未勾选则打印的线宽为用户所设置的线宽。

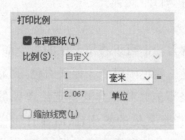

图 10-8　设置打印比例

10.2.6　打印方向

"图形方向"栏可指定图形输出的方向，如图 10-9 所示。图纸制作根据实际的绘图情况选择图纸是纵向或横向，在图纸打印时应注意设置图形方向。否则图纸打印可能会出现部分超出纸张而无法打印出来的情况。

图 10-9　图形打印方向设置

✿"图形方向"栏中各选项的含义如下。

纵向：以图纸的短边作为图形页面的顶部定位并打印该图形文件。

横向：以图纸的长边作为图形页面的顶部定位并打印该图形文件。

反向打印：控制是否上下颠倒地定位图形方向并打印图形。

10.2.7   其他选项

（1）指定偏移位置。

指定图形打印在图纸上的位置。可通过分别设置 X（水平）偏移和 Y（垂直）偏移来精确控制图形的位置，也可通过设置"居中打印"，使图形打印在图纸中间，如图 10-10 所示。

图 10-10   打印偏移设置

打印偏移量通过将标题栏左下角与图纸左下角重新对齐来补偿图纸的页边距。用户可通过测量图纸边缘与打印信息之间的距离来确定打印偏移。

（2）着色视口选项。

指定视图的打印方式。如要为图纸空间中的视口指定此设置，选中该视口，在"特性"选项板中设置着色打印的方式，如图 10-11 所示。

图 10-11   着色视口选项设置

✿"着色视口选项"栏中各选项的含义如下。

消隐：按照消隐打印模式打印对应视口中的对象，该模式下打印对象会消除隐藏线。

线框：按照二维线框模式打印对应视口中的对象。

按显示：按屏幕上的显示方式打印对象。

（3）设置打印选项。

打印过程中，可以设置打印选项供需要的情况使用，如图 10-12 所示。各个选项的含义如下。

后台打印：可以在后台打印图纸，是否后台打印由系统变量 BACKGROUNDPLOT 控制。

打印对象线宽：将打印指定给对象和图层的线宽。

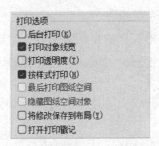

图 10-12　设置打印选项

打印透明度：可按照设置的透明度进行打印。中望 CAD 中可以选定图层的透明度级别并且单独设置对象的透明度，也可以通过图层来设置透明度。CAD 中透明度的调整范围是（0-90），0 表示完全不透明，数值越大，透明度越高，背景就显示得越清晰。

按样式打印：指定打印样式打印图形。指定此选项将自动打印线宽。如不指定，将按指定对象特性打印而不按打印样式打印。

最后打印图纸空间：首先打印模型空间几何图形。一般情况先打印图纸空间几何图形，然后再打印模型空间几何图形。

隐藏图纸空间对象：选择此项后，打印对象时消除隐藏线，不考虑其显示方式。此选项仅在布局选项卡中可用。

将修改保存到布局：将在"打印"对话框中所做的修改保存到布局中。

打开打印戳记：使用打印戳记的功能。

（4）预览打印效果。

图形打印之前，使用预览框可预览图形打印后的效果，这有助于发现打印出现的问题并及时修改打印的图形，如图 10-13 所示。设置了打印样式表后，预览图将显示在指定的打印样式设置下的图形效果。

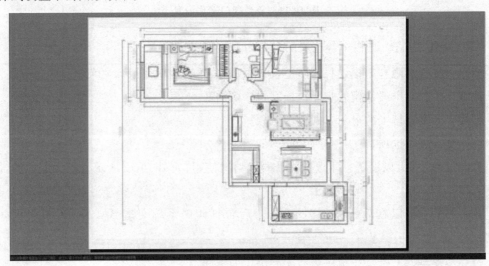

图 10-13　打印预览

预览效果的界面下,右击,在弹出的快捷菜单中单击"打印选项",即可直接出图,或退出预览界面,在"打印"对话框上单击"确定"按钮出图。

用户在打印时要经过以上的设置后,才可正确地在打印机上输出需要的图纸。单击"打印"对话框最上方"页面设置"选项,新建页面设置的名称,保存所有的打印设置。另外,中望 CAD 提供从图纸空间出图,图纸空间记录设置的打印参数,从此处打印是最方便的选择。

10.3　其他格式打印

除传统的绘图仪(或打印机)设备打印方式外,随着软件的发展,打印的形式也变得更多样化。其他格式打印形式如下所述。

10.3.1　打印 PDF 文件

CAD 图纸的交互过程中,需要将 DWG 格式的图纸转换为 PDF 格式。中望 CAD 自带 PDF 打印驱动,用户不必下载安装 PDF 驱动即可实现 DWG 格式的图纸转换为 PDF 格式的文件。

打开 CAD 图纸,选择已配置的 PDF 文件打印驱动程序,将图纸打印成 PDF 格式,具体操作步骤如下。

(1) 中望 CAD 界面功能区,"输出"→"打印"→"打印",打开"打印"对话框。

(2) 在"打印机/绘图仪"选项组的"名称"栏下拉菜单中选择 DWG To PDF.pc5 配置选项,如图 10-14 所示。

(3) 单击"确定"按钮,弹出"浏览打印文件"对话框。在该对话框中指定 PDF 文件的文件名和保存路径,单击"保存"按钮,将图纸打印为 PDF 文件格式。

注意:

(1) 如果打印的图纸包含多个图层,将其输出为 PDF 格式文件的同时,PDF 打印功能支持将图层信息保留到打印的 PDF 文件中。打开生成的 PDF 文件,即可通过打开或关闭原 DWG 文件的图层来进行浏览,如图 10-15 所示。这样用户就可以根据自己的需要,隐藏一些不需要的图层,方便查看图纸。

(2) 通过中望 CAD 自带 PDF 打印驱动程序输出的 PDF 格式文件,需要使用 Adobe Reader R7 或更高版本来查看,如果操作系统是 Microsoft Windows 7,则需要安装 Adobe Reader 9.3 或以上版本来查看。

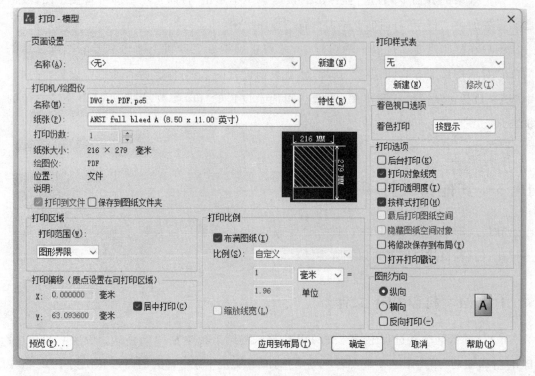

图 10-14　选择 PDF 打印驱动程序

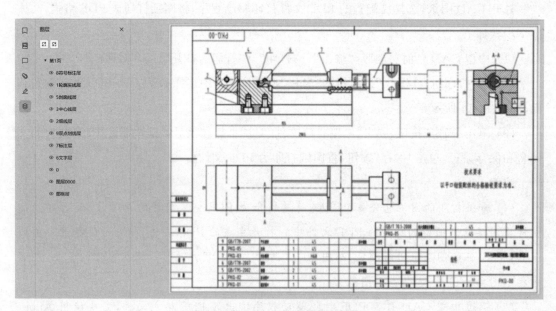

图 10-15　PDF 文件中的图层信息

10.3.2　打印 DWF 文件

DWF 文件是一种不可编辑的安全文件格式,优点是文件存储容量更小,便于传递,用户可以使用该格式文件在互联网上发布图形。中望 CAD 中自带 DWF 打印驱动,用户可直接打印 DWF 格式的文件。

打印 DWF 文件的操作步骤如下。

(1) 中望 CAD 界面功能区,选择"输出"→"打印"→"打印",打开"打印"对话框。

(2) 在"打印机/绘图仪"选项组的"名称"栏下拉菜单中选择 DWF6 ePlot.pc5 配置选项,如图 10-16 所示。

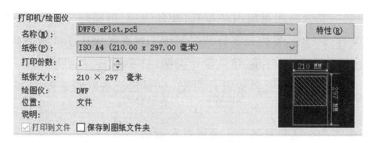

图 10-16　选择 DWF 打印驱动程序

(3) 单击"确定"按钮,弹出"浏览打印文件"对话框。在该对话框中指定 DWF 文件的文件名和保存路径,单击"保存"按钮,将图纸打印为 DWF 文件格式。

11 绘图练习

建筑施工图是主要表明建筑的内部布置、外部造型、细部构造、建造规模的图纸,是建筑施工放线、砌筑、安装门窗、室内外装修和编制施工概算及施工组织设计的主要依据。一般建筑施工图的内容包括图纸目录、建筑设计说明、总平面图、各层平面图、各立面图、剖面图及详图等。建筑施工图设计文件的设计深度,应满足设备材料采购、非标准设备制作和施工的需要。

本章内容与施工图绘制紧密结合。通过对本章的学习,读者应能够利用绘图、编辑、尺寸标注、文字和表格等命令进行练习题(住宅楼施工图)的绘制。

练习题:住宅楼施工图

住宅楼施工图绘制演示

房间、家具布置　　　　　轴网、柱子绘制　　　　　墙体、门窗绘制　　　　　楼梯、台阶、坡道绘制

设计散水　　　　　屋顶绘制　　　　　生成立、剖面图

图纸目录:

(1) 住宅楼一层平面图。

(2) 住宅楼立面图。

(3) 住宅楼剖面图。

(4) 住宅楼楼梯平面图、剖面图。

立面图

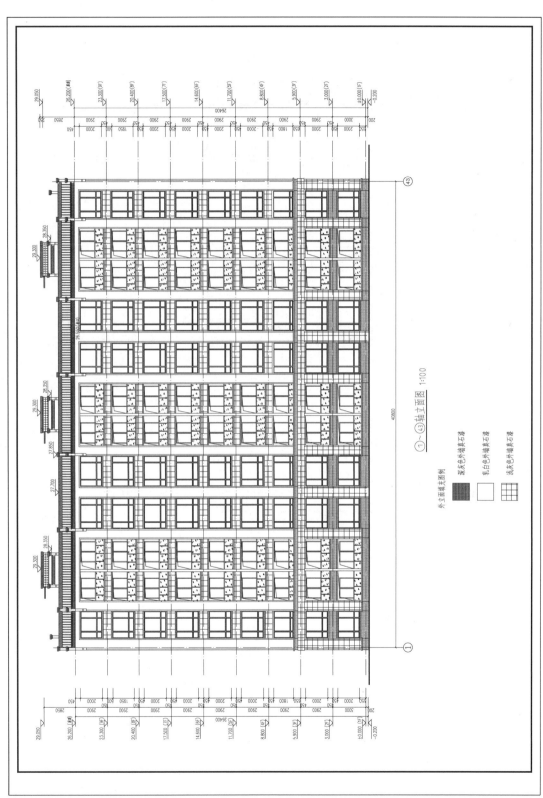

①~④3 轴立面图 1:100

外立面填充图例

深灰色外墙真石漆 ▨

乳白色外墙真石漆 □

浅灰色外墙真石漆 ▦

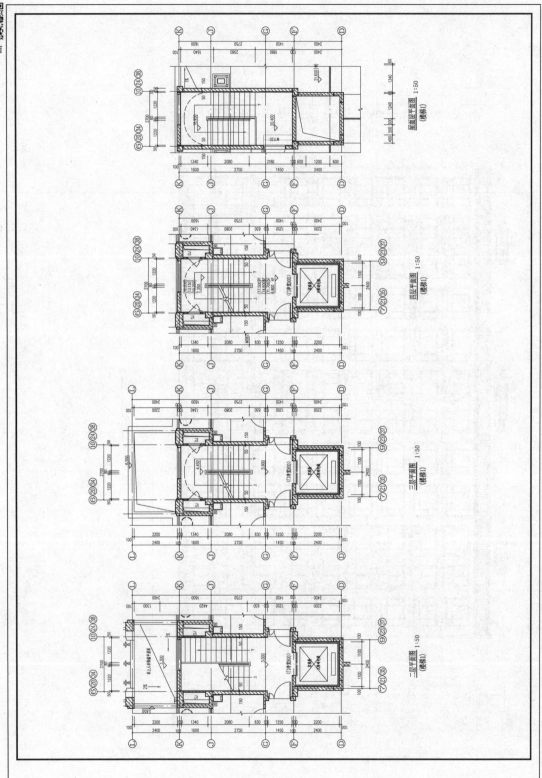

楼梯剖面
详图

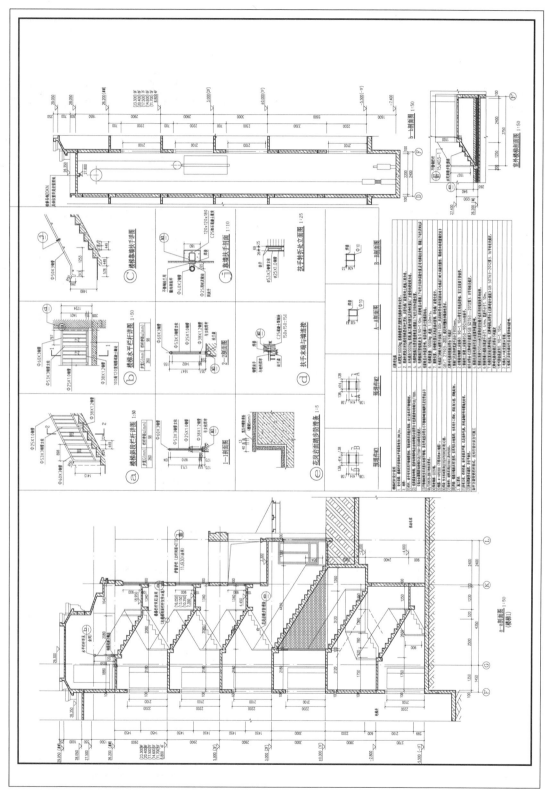

剖面图

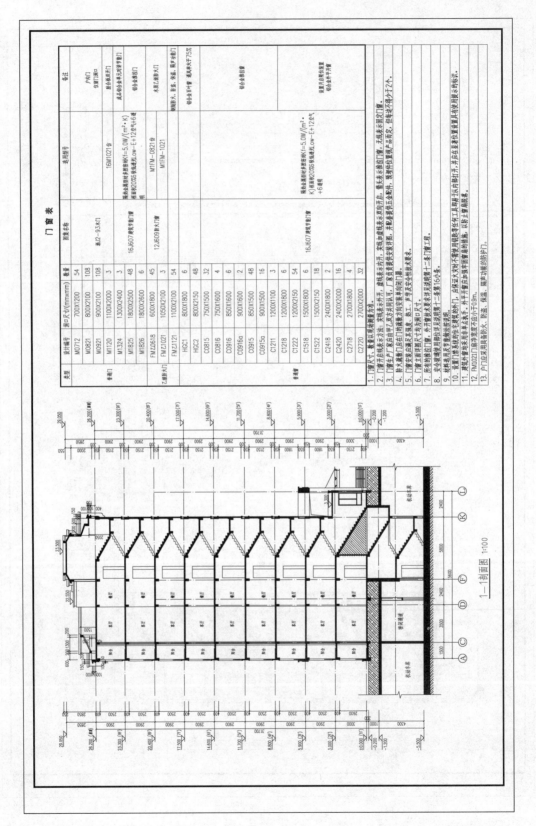

门窗表

类型	设计编号	洞口尺寸(mm×mm)	数量	图集名称	选用型号	备注
普通门	M0712	700X1200	54			户内门
	M0821	800X2100	108			双置门洞口
	M0921	900X2100	108			
	M1120	1100X2000	3	表12-93大门	16M1021台	单分钢质门
	M1324	1300X2400	3			高级铝合金无框弹簧门
	M1825	1800X2500	48	16.607通长车整门窗	隔热高断桥铝多腔型材K=5.0W/(m²·K)	铝合金推拉门
	M1826	1800X2600	6		框面间0702S钢板或夹布LOW-E+12空+5或6明	
乙级防火门	FMZD0618	600X1800	45	12.609防火门窗	M1FM-0821台	铝合金地弹簧门
	FMZ1021	1050X2100	6		M1FM-1021	木质乙级防火门
	FMZ1121	1100X2100	54			
普通窗	HGC1	800X1800	6			铝合金百叶窗
	HGC2	800X2150	48			
	C0815	750X1500	32			
	C0816	750X1600	4			
	C0916	850X1600	6			
	C0916a	900X1600	2			
	C0915	850X1500	48			
	C0915a	900X1500	16			
	C1211	1200X1100	3		隔热高断桥铝多腔型材K=5.0W/(m²·K)画面间0702S钢板或夹布LOW-E+12空+6气+6透明	铜制窗、百叶、保温、隔声、采光本不于75%
	C1218	1200X1800	6			
	C1222	1200X2150	54			
	C1518	1500X1800	18			采用活动铝合金窗铝合金平开窗
	C1522	1500X2150	2			
	C2418	2400X1800	16			
	C2420	2400X2000	2			
	C2718	2700X1800	4			
	C2720	2700X2000	32			

1. 门窗尺寸、数量以设计最新测量为准。
2. 门窗开启线表示开启方法；实线表示外开，虚线表示内开，实线加虚线表示双向开启，粗线表示推拉门窗，无线表示固定窗。
3. 由生产厂家中乙方法共同明认后，厂家负责提供实装详图，并经设计方核定技术后报业主签认制作间门窗。
4. 防火缝门道压出在门锁面方向进详见装车间门窗。
5. 门窗安装缝隙尺度表、高二、声子安全性技术表表。
6. 玻璃立面窗尺度见详见户口寸。
7. 所有的进出门门、外开窗找大要求详见说明第十二条门窗工程。
8. 安全玻璃使用见图集标出说明。
9. 门窗立面门窗制作尺度标注。
10. 设置门系统栏杆位手毛橡性的防栏门，占栏面这次墙内零售两栏牌线冬有红工具扶用于L内部打开，并应在显显楼梯位置设置具有明显界标示标识。
11. 其他外窗均采用无名式，外平开窗应加加车图窗装活防范措施，以防上墙倒扰。
12. FM1022门启净窗不窗小于0.9m。
13. 户门采用具有防火、防盗、保温、隔声等功能的防护门。

1—1剖面图 1:100

一层平面图

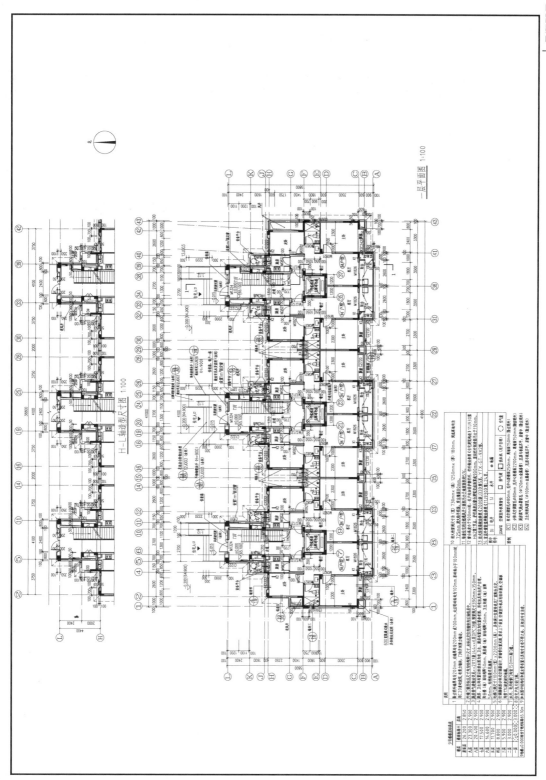

参 考 文 献

[1] 中华人民共和国住房和城乡建设部. 民用建筑设计统一标准：GB 50352—2019[S]. 北京：中国建筑
工业出版社，2019.

[2] 中华人民共和国住房和城乡建设部. 房屋建筑制图统一标准：GB/T 50001—2017[S]. 北京：中国建
筑工业出版社，2017.

[3] 中华人民共和国住房和城乡建设部. 住宅建筑规范：GB 50368—2005[M]. 北京：中国建筑工业出版
社，2005.

[4] 朱锋盼，郑朝灿. 建筑构造与制图[M]. 北京：机械工业出版社，2021.

[5] 布克科技，姜勇，周克媛，等. 中望 CAD 实用教程[M]. 北京：人民邮电出版社，2022.

[6] 孙琪. 中望 CAD 实用教程[M]. 2 版. 北京：机械工业出版社，2022.